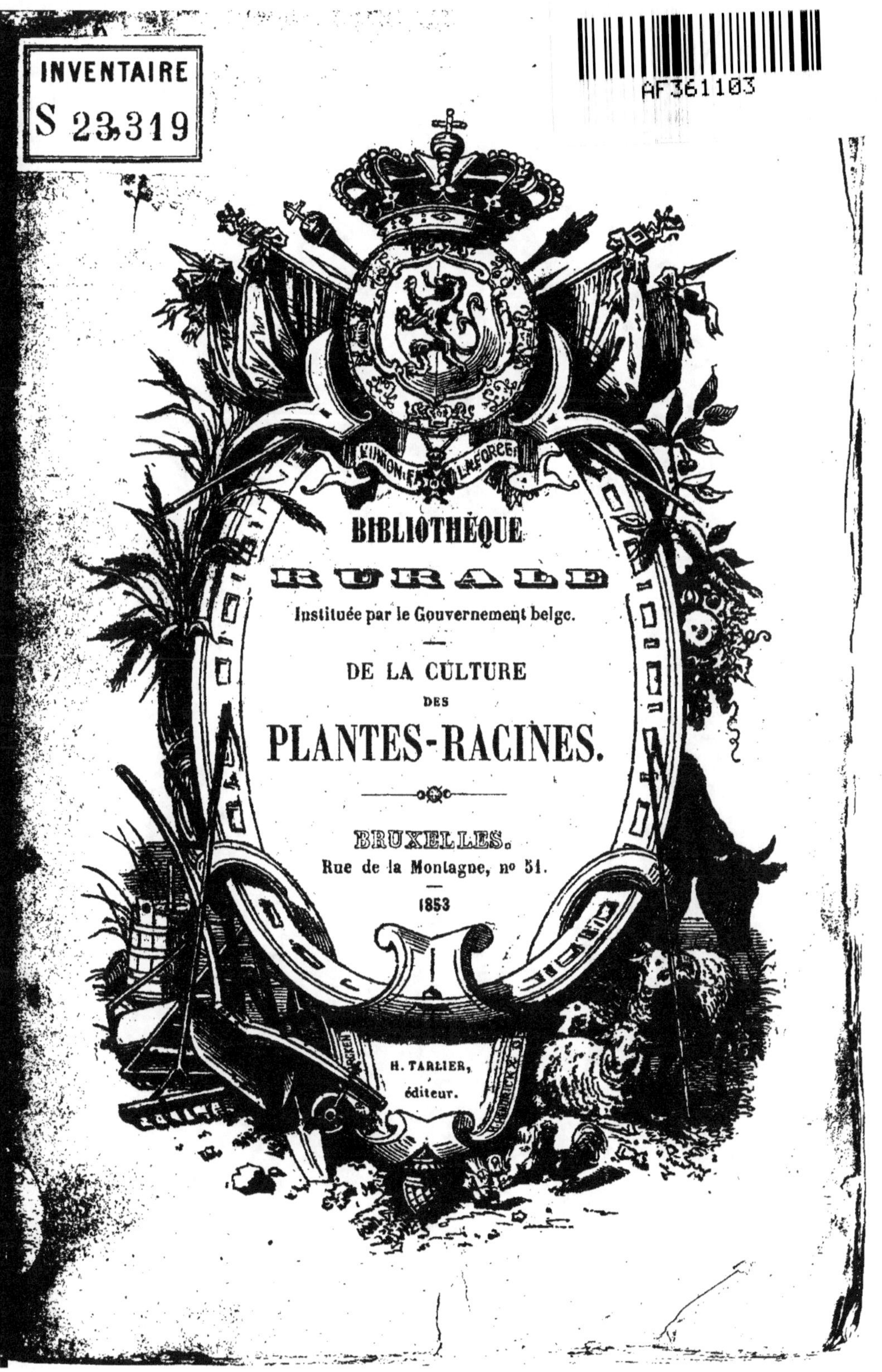
BIBLIOTHÈQUE
RURALE
Instituée par le Gouvernement belge.
DE LA CULTURE
DES
PLANTES-RACINES.
BRUXELLES.
Rue de la Montagne, no 51.
1853
H. TARLIER,
éditeur.

2me SÉRIE, N° 9.

BIBLIOTHÈQUE RURALE

instituée

PAR LE GOUVERNEMENT.

DE LA CULTURE

DES

PLANTES-RACINES

Typographie de J. Vanbuggenhoudt.

DE LA CULTURE

DES

PLANTES-RACINES

PAR

MAX. LE DOCTE,

Agronome-cultivateur, auteur de divers ouvrages d'agriculture.

<hr>

Bruxelles.

AU BUREAU DE LA BIBLIOTHÈQUE RURALE,

Tarlier, éditeur, rue de la Montagne. n° 51.

1855

INTRODUCTION.

—

La culture des plantes-racines a pris, depuis quelques années, une très-grande extension dans notre pays. Cette importance ayant rendu nécessaire la publication d'un traité indiquant les meilleures méthodes employées dans la pratique, nous avons cru répondre au désir des agriculteurs belges en composant un ouvrage sur la production de ces végétaux utiles. Les idées qui sont émises dans ce travail n'ont pas toutes, il est vrai, le mérite de la nouveauté, mais elles présentent le grand avantage de reposer sur des faits acquis et de n'avoir pour origine ou pour berceau que les préceptes de l'expérience. C'est le seul titre que nous croyions devoir invoquer en faveur du livre dont nous avons entrepris la rédaction.

MAX. LE DOCTE.

DE LA CULTURE

DES

PLANTES-RACINES.

CHAPITRE PREMIER.

CONSIDÉRATIONS GÉNÉRALES SUR LA CULTURE DES PLANTES-RACINES.

Tous les produits d'agriculture s'appliquent aux usages de l'homme ou à la nourriture du bétail; cela devait être : la production de la chair est si intimement liée à la production du grain, non-seulement sous le rapport de l'économie agricole, mais encore au point de vue de l'économie sociale, que l'une tenterait en vain de marcher sans l'autre. Ces deux industries ont même une telle connexité entre elles, elles sont si étroitement entrelacées, que quand la première entre dans le domaine de la seconde, et réciproquement, leur équilibre se rompt au détriment de l'une d'elles et le plus souvent au préjudice de toutes les deux.

Puisque l'alimentation publique, d'une part, demande que la production de la viande et celle du grain marchent de pair, et que la prospérité agricole, de l'autre, exige que la production de l'engrais et celle des plantes commerciales soient justement proportionnées et se prêtent un secours mutuel, le nombre d'animaux qui garnissent une ferme doit être en rapport avec l'étendue des terres arables qui la composent. On a donc été forcément conduit à réunir l'exercice de l'art zootechnique à celui de l'agriculture proprement dite, et à consacrer une certaine surface de terrain à la nourriture du bétail : telle est l'origine des plantes fourragères, de l'herbe d'abord, du trèfle ensuite, dont la conquête ouvrit l'ère des véritables progrès agricoles, et des *plantes-racines* enfin, qui font l'objet de ce traité et dont le rôle semble devoir être de porter l'agriculture à ses dernières limites de perfection.

On convient donc que le bétail, dans une exploitation rurale, est nécessaire ; mais est-il un mal comme on l'a dit? Celui qui s'est fait l'instrument propagateur d'une semblable théorie a trouvé, sans doute, que la reproduction, l'élève et l'engraissement des animaux étaient onéreux. Mais sur quoi a pu se fonder cette fausse interprétation? Uniquement sur ce que l'état des connaissances spéciales n'avait point permis de tirer de l'industrie du bétail le parti avantageux qu'elle n'a jamais cessé d'offrir. Voilà, selon nous, la raison sur laquelle on s'est appuyé pour prétendre que la tenue d'une étable était un *mal nécessaire*.

Nous n'avons pas à faire ressortir ici les avantages qu'un cultivateur intelligent peut retirer d'un nombreux bétail; nous ferons seulement observer que quand on cessera de considérer les animaux domestiques comme simples producteurs d'engrais, mais qu'on les envisagera en même temps comme bêtes de boucherie, ils ne constitueront plus un fléau, mais une source féconde de beaux et gros bénéfices.

Il ne faut pas perdre de vue, d'ailleurs, qu'on ne parvient à réaliser un profit raisonnable dans une exploitation rurale qu'en proportionnant sagement le nombre de têtes de bétail à l'étendue des terres arables. En d'autres termes, si l'on veut marcher rapidement dans la voie qui conduit au succès, il importe que la superficie des terres consacrée aux plantes fourragères, appelées *améliorantes*, se trouve en rapport avec la surface des champs destinés à produire les céréales ou les plantes industrielles, qu'on est convenu de nommer *épuisantes*. C'est là une loi commune à tous les sols, une règle applicable à tous les climats, un principe que l'on ne transgresse jamais impunément. Et cette loi, cette règle, ce principe, comment sont-ils observés dans la pratique? Les faits suivants, que nous allons emprunter à des documents officiels dont l'exactitude ne saurait être mise en doute, vont nous l'apprendre.

D'après la *Statistique agricole de Belgique*, travail dont les éléments ont été puisés dans les renseignements recueillis en 1846 par les administrations constituées, la culture productive, comprenant les 88 centièmes du domaine agricole, se divise en deux parties distinctes. Dans l'une figurent les végétaux qui, comme les céréales et les plantes industrielles, absorbent une grande quantité d'engrais, se consomment loin de l'exploitation et tendent sans cesse à diminuer la fertilité du sol; dans l'autre, on voit les plantes qui, comme les racines, les fourrages, les légumineuses, etc., réparent les pertes que les cultures épuisantes ont fait éprouver à la terre, en laissant par leur consommation sur les lieux une grande abondance d'engrais très-puissant. Or, si l'on prend les quatre provinces les mieux cultivées, c'est-à-dire les deux Flandres, le Brabant et le Hainaut, on trouve, d'après les curieux détails fournis par la statistique, que le premier groupe de cultures mesure, dans cette partie de notre pays, une superficie de 600 mille hectares environ, et le second une surface de 400 mille hectares seulement!

On voit donc, en comparant ces deux chiffres, que la culture améliorante ne comprend que les deux tiers de la culture épuisante. Si l'on considère, en outre, que la moitié des prairies permanentes, dont le chiffre a aussi été porté en ligne de compte, est pâturée, et qu'ainsi la moitié de leurs produits ne peut retourner aux terres labourables ; si l'on réfléchit ensuite qu'une quantité considérable de pommes de terre est livrée au commerce pour aller se faire consommer dans le lointain ; si enfin l'on calcule que parmi les légumineuses, fèves, féveroles, pois et vesces, une grande partie est exportée et perdue pour l'exploitation, il sera facile de se convaincre que le mode de production de la plupart de nos fermiers, et surtout le mode suivi dans les grandes exploitations, est loin d'approcher du riche et fécond système alterne qui a fait la richesse de certains comtés de l'Angleterre.

Après cela, il est à remarquer que la part accordée dans la culture générale du pays aux plantes-racines, à la betterave, à la carotte et au navet, c'est-à-dire aux principaux végétaux dont nous nous proposons de nous occuper en détail dans cet ouvrage, n'atteint pas 1,3 p. c. des terres arables. Ainsi, sur cent hectares de terres cultivables, il n'y

a, en moyenne, pour toute la Belgique, qu'un hectare et demi ensemencé en betteraves, carottes et
navets! Est-ce là l'avenir que ces racines promettaient à l'agriculture il a quinze ou vingt ans? Con-
venons qu'avec un peu plus de sagacité et de persé-
vérance, il eût été facile d'obtenir des résultats
plus brillants et tout à la fois mieux en harmonie
avec les exigences actuelles de l'économie rurale.

Il nous faut ajouter cependant que l'indifférence
gardée envers ces plantes précieuses n'est point
générale, et que le pays renferme des hommes
d'élite et de progrès qui savent les apprécier à leur
juste valeur. Nous connaissons maints praticiens,
très-estimés pour leurs connaissances agronomi-
ques, qui cultivent chaque année jusqu'à douze et
quinze hectares de racines, et qui ne se lassent pas
de répéter que s'ils obtiennent du succès dans leurs
entreprises, c'est uniquement à la production de
cette espèce de fourrage qu'ils le doivent. De tels
exemples eussent dû éveiller l'attention des hommes
à la prospérité desquels le progrès est si nécessaire;
mais les améliorations et surtout les améliorations
agricoles ne parviennent à se faire jour et à se populariser que longtemps après avoir été sanction-
nées par l'expérience.

Deux causes principales ont toujours paru
s'opposer, il est vrai, à ce que la production des
plantes-racines prît une rapide extension. La première est la répugnance que l'on éprouve, en général, à diminuer la surface des terrains destinés
aux céréales pour les consacrer à des cultures qui
semblent moins avantageuses; la seconde consiste
dans la prétendue difficulté d'utiliser avec profit
des produits qui n'ont, à l'état brut, aucune valeur
commerciale, à moins de circonstances tout à fait

exceptionnelles. Est-il besoin de dire que les arguments présentés pour justifier l'oubli auquel on a condamné les fourrages-racines sont plus spécieux que fondés?

D'abord, s'il est une question dont la solution n'est douteuse pour personne, c'est celle qui se rattache à la nécessité de posséder, dans une exploitation rurale, beaucoup d'engrais de bonne qualité. Tous les praticiens sont unanimes pour reconnaître que s'ils avaient à leur disposition cet élément de fécondité en grande abondance, ils parviendraient immédiatement à tirer du sol tout ce qu'on peut en exiger. Ils n'ignorent pas qu'en augmentant d'un quart ou d'un cinquième le fumier qu'ils emploient ordinairement sur une surface de terre donnée pour un terme de trois ou de six années, ils accroîtraient le rendement des céréales dans des proportions analogues. Or, puisque ce principe est si bien établi, comment se fait-il qu'on ne l'applique pas partout avec la même exactitude? Cela ne peut tenir qu'à l'absence du raisonnement.

Admettons qu'un cultivateur dont l'exploitation se compose de cent hectares de terres labourables, en consacre tous les ans la moitié à la production des céréales d'hiver. Avec le procédé de culture ordinaire, la moyenne du rendement des grains ne s'élèvera pas au-dessus de dix-neuf à vingt hectolitres par hectare, parce que les dix ou douze hectares de trèfle et les trois ou quatre hectares de prairies naturelles que l'on rencontre dans une ferme de cette importance, ne peuvent fournir au sol, après leur transformation en engrais, la fertilité que demanderaient le froment et le seigle pour donner vingt-cinq hectolitres de graines au lieu de dix-neuf ou vingt hectolitres. Maintenant, qu'arri-

verait-il si l'on substituait cinq hectares de betteraves et de carottes à cinq hectares de céréales? On
réduirait sans doute l'étendue des terres consacrées
aux dernières, mais comme les racines sont des
plantes éminemment réparatrices à cause de la
masse d'engrais qu'elles produisent après avoir été
consommées dans la ferme, il en résulterait que
les terres à céréales étant fumées à la fois plus copieusement et à des intervalles moins éloignés, on
parviendrait à obtenir des récoltes plus abondantes
sur quarante-cinq hectares qu'on n'en eût obtenu
précédemment sur cinquante. La culture des plantes-racines doit donc être considérée comme un véritable gain quand on sait la proportionner aux
exigences et aux besoins des productions épuisantes.

Mais cette culture a toujours été l'objet d'une
prévention qu'on n'est point parvenu à détruire entièrement ; et aujourd'hui encore, on élève contre
elle des objections qu'il ne sera pas hors de propos
d'examiner.

La première de ces objections, qui est la principale, porte sur les difficultés qu'éprouve le cultivateur à donner une destination lucrative aux
racines après s'être imposé de grands sacrifices
pour les créer. Si nous en étions encore au temps
où l'élève des animaux domestiques ne constituait
qu'une branche accessoire de l'économie rurale,
nous serions les premiers à proclamer la justesse
des motifs qu'on allègue ; mais à présent que l'édu-
cation du bétail fait partie obligée de la culture et
qu'elle présente une précieuse source de richesses
à celui qui s'y livre avec intelligence, on a au moins
le droit de trouver étrange qu'on montre de l'hési-
tation et qu'on soit embarrassé d'utiliser des produits recherchés par tous les bestiaux.

Ainsi, existe-t-il un système plus irrationnel, plus déplorable, plus ruineux, dirons-nous, que celui qui consiste à entretenir les vaches, les génisses, tous les sujets de l'espèce bovine, en un mot, uniquement avec de la paille pendant la période hivernale? Après cela, n'y a-t-il pas, quant aux betteraves, un mode d'emploi qui se présente naturellement au cultivateur : l'engraissement des animaux? Malheureusement, on ne s'occupe guère en Belgique que de l'élève du bétail; cette industrie y est même poussée, sinon à un haut degré de perfection, du moins à un haut point de développement. L'engraissement, au contraire, est toujours resté circonscrit dans des limites fort restreintes, et peu d'agriculteurs s'y livrent d'une manière sérieuse. A quoi tient cette préférence? Il serait vraiment difficile de l'expliquer, car l'expérience a surabondamment démontré qu'une quantité donnée de nourriture acquiert plus de valeur par sa conversion en graisse qu'en chair dans une foule de circonstances, et qu'un fumier provenant du bétail à l'engrais possède une supériorité marquée sur celui qui provient d'un bétail en croissance..... Mais on a pris le parti de dénigrer les racines ou de n'admettre aucun des avantages qu'elles présentent, et il ne coûte rien de poser des objections.

Pour bien apprécier l'importance d'une plante en agriculture, il faut l'envisager sous le triple point de vue de son produit, de la proportion d'engrais qu'elle enlève au sol et de la place qu'elle doit occuper dans l'assolement. Or, tout concourt à prouver que sous ces trois rapports parfaitement distincts les racines ne laissent rien à désirer.

En effet, aucun pays ne jouit d'un climat, d'une température et d'un terrain plus favorables à la culture de ces plantes que la Belgique. Comparez, par exemple, le rendement que donne la betterave dans ce pays avec celui que fournit la même racine dans les pays voisins, et vous verrez que l'avantage reste à la production indigène. Si nous évaluons une récolte de betteraves comme valeur marchande ou bien comme produit fourrager, il nous est encore très-facile de voir que la valeur de cette plante dépasse celle de tous les autres végétaux agricoles. Placé dans de bonnes conditions, le cultivateur peut aisément lui faire atteindre le prix de 15 francs les mille kilogrammes. Or, le rendement moyen dans les bons sols étant de 40,000 kilogrammes par hectare, il s'ensuit que le produit brut s'élève à la somme de 600 francs, chiffre supérieur à celui qu'on retire d'une récolte de froment et même d'une récolte de colza.

D'ailleurs, si le fermier était dans le cas de devoir faire consommer forcément ses racines par son bétail, il aurait encore, comme nous aurons lieu de le démontrer plus loin, un immense avantage à les cultiver.

L'examen et l'étude des racines au point de vue de leur faculté épuisante ne sont pas moins rassurants. La pratique et l'expérience font voir chaque jour, en effet, que si elles demandent une forte avance d'engrais, elles n'enlèvent du sol qu'une faible partie de sa fécondité. En d'autres termes, ces plantes exigent un terrain en très-bon état, mais ne l'épuisent que très-peu, notamment si l'on abandonne les feuilles comme engrais au champ qui les a produites.

Enfin, sous le rapport de l'assolement, la culture des racines est inattaquable et à l'abri de toute critique; car chacun se plaît à reconnaître, et par là nous entendons les esprits subtils plus ou moins versés dans la pratique des innovations fructueuses, chacun se plaît à reconnaître, disons-nous, qu'elle forme la base de tout ce qu'on connaît de plus parfait et de plus perfectionné en matière d'agriculture.

Répétons-le donc : Si les racines ont été jusqu'ici l'objet de vives appréhensions, c'est qu'on n'a jamais pu en apprécier les avantages que d'une manière imparfaite. Ces avantages, nous venons de les indiquer sommairement en discutant quelques théories contradictoires; il nous restera maintenant à exposer les meilleurs procédés à suivre pour obtenir d'abondantes récoltes, même dans les sols de qualité médiocre : nous trouverons probablement là, il faut l'espérer, l'occasion de compléter notre pensée par des déductions plus positives et mieux appropriées aux différents sujets sur lesquels va s'exercer le fruit d'une longue pratique et d'une mûre expérience.

CHAPITRE II.

DES OPÉRATIONS QUI INFLUENT PARTICULIÈREMENT SUR LA RICHESSE DES RÉCOLTES.

Notre premier mot, en commençant, sera un mot d'explication au lecteur sur l'ordre que nous avons cru devoir suivre dans le classement des matières qui composent ce traité. Au premier coup d'œil, il semble assez étrange que nous ayons consacré ce second chapitre à des opérations accessoires qui eussent pu être développées comme toutes celles dont il sera question plus tard dans le cours même du travail. Pourquoi, se demandera-t-on, débuter par la partie des défoncements, des sarclages, des binages et des buttages? Pourquoi s'être livré à cet examen avant d'en être venu, soit à la préparation du terrain, soit à la culture des plantes pendant la végétation, soit enfin aux mille autres détails qui constituent l'ensemble des méthodes à suivre pour assurer la production des plantes-racines ?

A ces différentes questions, nous avons pour réponse une raison plausible, un argument péremptoire, qui seront accueillis, nous en sommes convaincu, par tous ceux qui comprennent le véritable rôle de la publicité. Ces motifs, les voici : On peut admettre, en thèse générale, que les ouvrages traitant la pratique de l'agriculture ne sont consultés, dans la plupart des cas, que par des personnes qui n'ont ni beaucoup de temps à dépenser, ni beaucoup de dispositions pour la lecture. Il s'ensuit naturellement que les gros volumes, que les descriptions où l'on trouve des détails inutiles, ne valent pas, à beaucoup près, les traités simples, concis et qui ne renferment réellement que ce qu'ils doivent contenir. Un livre où abondent les élucubrations superflues, quelque remarquable qu'il soit sous le rapport de la forme, sera délaissé par le cultivateur de profession. Une autre publication, conçue dans le même but, ayant la même étendue, mais dont chaque page est scellée d'un fait intéressant ou d'une donnée utile, offrira, au contraire, un attrait puissant et deviendra un guide auquel on aura toujours confiance. Or, c'est afin de participer à cette dernière faveur que nous avons résolu de faire venir ici en première ligne les *opérations qui influent particulièrement sur la richesse des récoltes*. Ces opérations, qui consistent, comme nous l'avons dit plus haut, en défoncements, en sarclages, en buttages, s'appliquent en effet à toutes les racines indistinctement et s'exécutent de la même manière pour toutes les récoltes; en négligeant de les décrire avant d'aborder la culture spéciale des plantes, nous nous fussions donc mis dans la nécessité de renouveler dans chaque chapitre les développements que nous avons cru pouvoir donner dans un seul pour tous les cas. Ainsi les défoncements à pratiquer dans les champs qui doivent produire des pommes de terre sont les mêmes que ceux à effectuer dans les sols réservés à la culture des betteraves; nous en dirons autant des sarclages, des binages et des buttages qui sont basés sur les mêmes principes et qui se donnent toujours de la même manière, soit qu'on les applique aux carottes ou aux navets, soit qu'on en gratifie les récoltes de rutabagas ou de chicorée.

Il n'en est pas ainsi de certains autres usages qui doivent recevoir chaque fois une nouvelle explication, suivant les cas où ils s'emploient. Les semis, par exemple, les cultures pendant la végétation, la conservation des produits après que la récolte en est faite, tout cela varie d'après les circonstances et surtout d'après le genre de produits pour lesquels chaque opération est exécutée. On ne sème pas les betteraves comme on ensemence les carottes, pas plus qu'on ne conserve les pommes de terre comme les navets ou la chicorée. De là est résulté pour nous la conviction qu'il fallait tout d'abord établir une ligne de démarcation entre les différents procédés sur lesquels s'appuie la production économique des plantes-racines. Cette distinction, nous l'avons déjà admise en principe; nous allons maintenant en user sans crainte d'altérer la forme de notre travail.

§ 1er. — Défoncement du sol.

Parmi les opérations qui contribuent à accroître la fécondité du sol, il en est peu qui soient suivies d'un résultat plus prompt et plus avantageux que l'approfondissement de la couche de la terre végétale. Tous les agriculteurs qui se sont livrés à des essais comparatifs s'accordent à reconnaître l'heureuse influence qu'exercent les labours profonds sur la richesse des récoltes. Les faits tendent à corroborer cette opinion; non-seulement ils attestent que les défoncements offrent des ressources immenses à quiconque sait les exécuter avec précaution et discernement, mais ils démontrent encore que partout où cette amélioration a été soumise à la sanction de l'expérience, elle est parvenue à triompher des obstacles qui s'opposaient à son développement.

Ce n'est pas à dire, toutefois, que l'on rencontre chez nous une parfaite unanimité de vues sur l'opportunité des défoncements. Si l'on devait s'en rapporter exclusivement à ce qui s'y fait, il semblerait au contraire que la pratique fût en opposition avec la théorie, car lorsque l'on parcourt le pays à l'époque des travaux de la campagne, on est frappé à la première vue de ces labours incomplets dont la profondeur dépasse rarement dix-huit ou vingt centimètres, soit qu'on destine le champ à l'ensemencement des céréales, soit qu'on le consacre à la production des plantes pivotantes. Il faut admettre dans ce cas que l'on procède en dépit des connaissances acquises, ou bien que l'absence du raisonnement est le motif principal, sinon l'unique cause de la défiance qui se manifeste chez la plupart des cultivateurs quand il s'agit d'augmenter progressivement l'étendue de la couche de terre arable.

Mais les défoncements n'ont plus besoin d'éloges pour être appréciés à leur juste valeur, ils ont fait suffisamment leurs preuves et se recommandent maintenant d'eux-mêmes sans exiger le secours d'une plume, à la fois bienveillante et convaincue. Nous nous bornerons donc à énumérer succinctement les principaux effets auxquels donne lieu leur participation dans la culture. Les voici par ordre d'importance.

1° Ils entretiennent constamment la terre arable dans un état d'humidité et de sécheresse convenable, en laissant filtrer les eaux surabondantes dans les saisons pluviales, et en les ramenant des couches inférieures à la surface, lors des grandes sécheresses ; 2° ils augmentent l'étendue de la couche de terre soumise au labour, de manière à présenter aux racines des plantes pivotantes un libre cours à leur croissance et à écarter les obstacles que présente aux racines un sous-sol dur et imperméable ; 5° ils modifient avantageusement la composition du sol et le mettent plus directement en contact avec l'air qui augmente toujours dans des proportions notables son degré de fertilité.

Les labours profonds peuvent encore, en mélangeant deux couches de nature différente, amender accidentellement le sol et changer ainsi ses qualités ; transformer un mauvais sable en une terre féconde ; dessécher comme par miracle des parties fangeuses en ouvrant aux eaux qui les submergeaient une issue vers un sous-sol plus perméable. Ils offrent en outre le moyen le plus sûr de détruire les plantes nuisibles, et particulièrement celles qui se reproduisent par leurs longues racines, comme les chardons, les fougères, etc. Ils ont enfin pour effet de conserver aux céréales leur position perpendiculaire, c'est-à-dire d'empêcher au moins leur fléchissement dans les années humides.

Les nombreux avantages auxquels donnent lieu les défoncements exécutés avec méthode ne laissent pas cependant, en certaines circonstances, d'être contre-carrés par quelques inconvénients. D'abord, il est certain que pour ramener avec profit une partie de terre vierge à la surface, on doit pouvoir disposer, dans les premières années, d'une plus grande quantité de fumier; souvent même, malgré ce supplément d'engrais, la fertilité du sol, au lieu de s'accroître, diminue momentanément. Au premier coup d'œil, ce fait parait assez étrange, puisque les principes fécondants que l'on confie à la terre, quelle que soit du reste la profondeur de la couche arable, sont toujours ramenés en solution là où se trouvent les racines des plantes. Mais quand on examine les choses de plus près, on s'explique bientôt les causes qui rendent le sol plus exigeant. Ainsi, il a été prouvé par l'expérience que les effets de l'engrais de ferme ne sont sensibles sur les terres composées d'argile, qu'autant que ces terres sont complétement saturées des parties actives du fumier. Or, si cette saturation est effectuée depuis longtemps dans la portion de terre qui est régulièrement soumise à l'action des instruments aratoires, il n'en est pas de même de celle qui, n'ayant jamais été remuée, est mise subitement au jour par un défoncement, ou placée en contact direct avec les engrais.

En admettant, par exemple, que la couche arable contienne trente pour cent d'argile, et que l'on défonce la terre de dix centimètres, la qualité d'argile ramenée à la surface sera de 360,000 kilogr. par hectare, et exigera pour s'imprégner des sucs nécessaires environ 27 voitures à quatre chevaux de bon fumier de basse-cour, avant qu'aucun engrais puisse servir à l'alimentation des plantes. Voilà pourquoi l'on a observé dans la pratique agricole, que l'on porte atteinte à la fertilité du sol cultivable quand on veut lui donner plus de profondeur, sans augmenter, dès la première année, le fumier dans les mêmes proportions. Cette nécessité de suppléer à la dose de matières fertilisantes ordinairement employée est, sans contredit, le plus grand obstacle qui s'oppose au défoncement; mais une fois que les terres argileuses profondément ameublies sont saturées d'engrais, elles ont une haute valeur agricole et sont susceptibles de tous les produits, tandis que si elles ne le sont pas, leurs récoltes restent toujours inférieures aux équivalents du fumier qui leur est fourni.

Un autre inconvénient des labours profonds, c'est que, dans le principe, ils sont nuisibles à la plupart des céréales. Ainsi, si l'on avait l'imprévoyance d'ensemencer du froment sur un terrain récemment défoncé, il est certain qu'il se perdrait pendant l'hiver et qu'il ne parviendrait pas à acquérir un développement normal. Il importe donc, lorsqu'on se livre à ce genre d'opération, de cultiver en première récolte les fourrages et les plantes-racines, afin d'obtenir, dès le début, d'abondantes productions sans nuire en aucune manière au succès des récoltes qui doivent leur succéder. Les carottes, les betteraves, les navets, les pommes de terre et les différentes espèces de fourrages ne sauraient être mieux placés que sur un sol profond, meuble et bien divisé; ils se trouvent alors dans des conditions à prendre beaucoup d'accroissement, sans exiger ni autant d'engrais, ni autant de soins. En outre, pendant le temps que dure la végétation de ces plantes, la terre se raffermit peu à peu et se prédispose merveilleusement à la culture des céréales : tout milite par conséquent en faveur des cultures de printemps sur les terrains dont on a augmenté la couche arable.

Ces dernières considérations suffiraient déjà pour démontrer que les défoncements complets ne peuvent réellement être pratiqués avec fruit qu'en automne, si, aux raisons qui viennent d'être spécifiées, il ne venait s'en joindre deux autres tout aussi péremptoires. La première, c'est que pour donner de profonds labours avec la perfection désirable, il faut y consacrer beaucoup de temps et pouvoir disposer librement de ses hommes et de ses chevaux. Or, l'hiver ne touche pas plutôt à sa fin, que le cultivateur s'empresse déjà de mettre ses attelages en campagne, afin d'être en mesure de faire ses semailles d'été en temps opportun. A-t-il quelques moments de loisir? Il s'estime très-heureux de pouvoir les employer à des travaux qu'il avait laissés en souffrance, dans les premiers beaux jours du printemps, pour favoriser ses cultures de féveroles, d'orge, d'avoine, de lin, de vesces, etc. C'est ce qui n'arrive pas en automne. Une fois son colza planté et ses céréales d'hiver semées, il est libre. A partir de la dernière quinzaine d'octobre jusqu'aux premières gelées, rien ne s'oppose plus à ce qu'il dispose de son matériel pour le livrer à des travaux d'une utilité permanente.

La seconde raison pour laquelle il est préférable de défoncer le sol en automne que dans toute autre saison, c'est que la terre vierge qu'on amène à la superficie est souvent compacte, dure, imperméable, et réclame, pour ce motif, la bienfaisante influence des gelées pour se diviser et se désagréger. D'un autre côté, en n'envisageant la chose qu'au point de vue de la fertilité, on peut dire que c'est pendant l'hiver que le sol gagne le plus et perd le moins ; la chaleur du soleil étant faible à cette époque, est incapable de dissiper ce qu'il reçoit de l'air, ce grand récipient des éléments nécessaires à la nutrition des plantes. Enfin, il serait extrêmement imprudent de confier une graine quelconque à une terre vierge qui n'aurait pas été soumise préalablement aux intempéries et aux caprices de l'atmosphère.

Une dernière question demande à être résolue : comment et à quelle profondeur convient-il de défoncer le sol ? Il est impossible de répondre catégoriquement sur ce point sans connaître préalablement et la quantité d'engrais dont on peut disposer, et les qualités du sol auquel on a affaire. Nous avons admis plus haut que, pour approfondir le sol de dix centimètres, il faut être à même de suppléer à la fumure ordinaire par vingt-sept voitures d'engrais de ferme à l'hectare. Si l'on possède ce surcroît de fumier, il est évident qu'il y a avantage à pratiquer le défoncement d'un seul trait. N'en a-t-on au contraire que neuf ou dix-huit voitures, il faut alors se borner à attaquer trois ou six centimètres de terre vierge.

Quant aux moyens d'exécution, le choix des méthodes doit être subordonné à l'action des labours. Si l'on défonce seulement de trois ou six centimètres, une charrue ordinaire, construite avec solidité, peut suffire; mais quand on désire augmenter encore cette action, il faut alors avoir recours soit à la charrue sous-sol dont nous donnons ici le dessein, soit à la houe multiple que nous

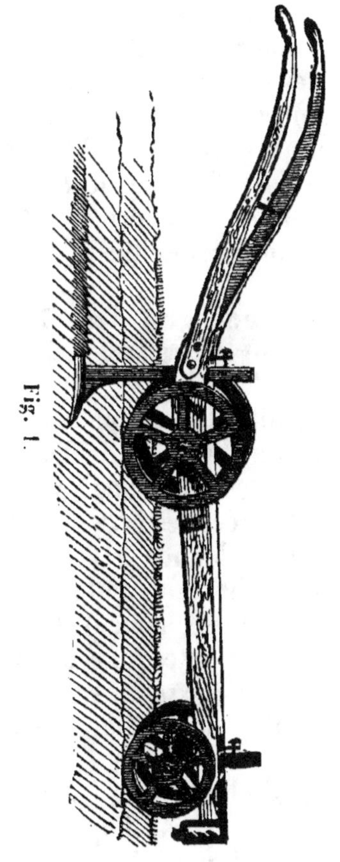

décrirons au paragraphe suivant. Ces instruments, dont le rôle consiste à ameublir et à pulvériser la terre vierge, quelle que soit sa composition ou la résistance qu'elle oppose, fonctionnent dans les sillons tracés par la charrue ordinaire et n'exigent pour remplir leur office que la force d'un seul cheval. Dans les sols compactes, comme dans les terres légères, l'effet qu'ils produisent est extrêmement remarquable. La présence de l'un ou de l'autre est donc indispensable dans toute exploitation bien coordonnée. N'oublions jamais d'ailleurs que le succès des cultures fourragères dépend souvent de la manière dont la terre a été traitée, et que partout où la couche arable repose sur un sous-sol dur, résistant, imperméable, il n'est guère possible de la livrer avec profit à la production des plantes à racines pivotantes.

§ 2. — Des sarclages, des binages et des buttages.

Les cultures qui ont lieu pendant la végétation des plantes ont pour but : 1° de détruire les mauvaises herbes dont la croissance spontanée nuit au développement des récoltes ; 2° de rompre l'adhérence du sol, pour donner à l'air un libre accès dans son intérieur; 3° de tenir la surface soulevée pour empêcher le desséchement du fond; 4° d'amasser autour des plantes une certaine quantité de terre, afin de *rechausser* les racines et de les mettre ainsi à l'abri des influences trop directes de l'air.

Quand on veut se borner simplement à la destruction des mauvaises herbes, l'opération se nomme *sarclage*. On entend par *binage* les travaux qui consistent à maintenir toujours dans un parfait état d'ameublissement la superficie des champs emblavés. Enfin on applique la dénomination de *buttages* aux façons plus ou moins énergiques que l'on donne au sol pour ramener au pied des végétaux une certaine quantité de terre nouvelle au fur et à mesure qu'ils se développent ou que leurs racines prennent de l'extension.

I. *Sarclage.* — Les sarclages proprement dits se pratiquent de plusieurs manières ; on les effectue au moyen d'instruments à main ou bien à l'aide d'instruments à cheval. Dans la petite culture, on emploie pour cet usage, tantôt la petite houe ou la binette, tantôt la houlette, espèce de petite lame en fer longuement emmanchée qui coupe les mauvaises herbes entre deux terres sans endommager les semis. Là où les propriétés sont moins divisées et où, par conséquent, les exploitations rurales ont une plus grande étendue, on se sert de la houe à cheval à couteaux (*voir* la fig. 2) ou mieux de la houe multiple (*voir* fig. 3), afin

Fig. 2.

de diminuer les frais qu'occasionnent l'extirpation des plantes parasites.

On conçoit que, pour pouvoir faire fonctionner ces instruments, il est nécessaire que la semaille ait été faite en rayons et que les lignes soient placées à une assez grande distance les unes des autres. Mais cette observation devient presque inutile dans les circonstances actuelles ; car, de toutes les plantes dont il est question dans cet ouvrage, il n'en est pas une seule qui se place de manière à présenter, dans le sens le plus large, une distance de moins de cinquante centimètres entre elle et sa voisine. Les sarclages à la houe à cheval sont des opérations très-expéditives et qui n'exigent pour ainsi dire aucune dépense de main-d'œuvre. On peut donc les renouveler souvent et accroître de cette façon le rendement des récoltes sans surcharger la culture de frais considérables. C'est encore là un motif de ne pas attendre trop longtemps pour débarrasser les champs des végétations inutiles qui y pullulent. Il serait mal à propos cependant d'entreprendre ce travail avant que les bonnes plantes ne soient toutes sorties de terre. L'époque la plus favorable est celle où les mauvaises herbes ont quelques centimètres de haut et où elles sont sur le point de nuire aux autres. Il est essentiel, surtout, que les sarclages précèdent la maturité des semences des végétaux qu'on veut détruire, car si on les laisse grener, on multiplie presque sans fin, sur le sol, des végétations spontanées dont on ne peut se délivrer plus tard qu'avec beaucoup de peine. Il importe, d'un autre côté, que ces travaux soient de moins en moins profonds, à mesure que la saison avance, que les plantes étendent davantage leurs racines et leurs tiges, et s'emparent du terrain. En continuant alors à faire pénétrer plus profondément les couteaux de la houe, on s'exposerait à détruire une partie des racines et à porter par suite un grand préjudice à la végétation.

Nous n'insisterons pas sur l'utilité et la haute importance des sarclages dans les cultures en ligne ; on connaît trop bien leur influence favorable sur la richesse des productions pour qu'il soit nécessaire d'en faire ressortir ici le véritable mérite. Disons seulement que partout où l'on n'est pas certain de pouvoir traiter convenablement le sol, l'introduction des plantes-racines dans les assolements, malgré les ressources immenses qu'elle procure, doit être considérée plutôt comme une cause de ruine que comme un élément de prospérité.

II. *Binages.* — Les binages, ainsi que nous l'avons indiqué plus haut, ont pour objet de tenir la surface du sol bien meuble. On arrive à ce résultat en remuant et en pulvérisant la terre à une profondeur de six à huit centimètres sur toute l'étendue du champ ensemencé. Ces opérations, qui produisent surtout des effets remarquables quand la partie supérieure du sol commence à se dessécher et à se crevasser, s'exécutent à bras d'homme ou bien à l'aide d'instruments traînés par un cheval. Dans les fermes de peu d'importance, la houe à main est l'objet de prédilection pour cet usage ; dans les grandes exploitations, au contraire, on doit avoir recours aux machines perfectionnées, si l'on ne veut augmenter sans profit les dépenses de main-d'œuvre. Comme pour les sarclages et les défoncements, la houe multiple (fig. 3) est encore d'un usage fort avantageux et peut satisfaire à elle seule,

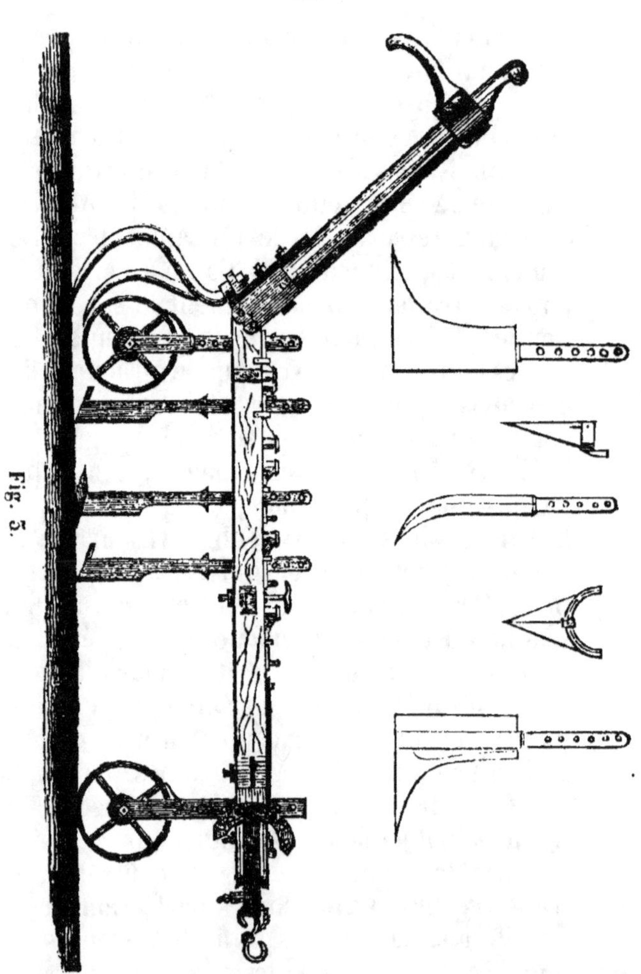

aux exigences de la végétation. En remplaçant par
des dents spéciales les couteaux dont on l'arme pour
effectuer les sarclages, on obtient, en effet, un instrument énergique qui remplit tout aussi bien son
office que la binette la plus parfaite placée dans les
mains du meilleur ouvrier.

Lorsque l'on bine en temps opportun, l'eau des pluies, au lieu de glisser sur une surface dure et compacte, s'introduit dans les petits intervalles que laissent entre elles les molécules de la terre bien ameublie, et parvient jusqu'aux racines qui s'étendent, sans rencontrer d'obstacles, dans un sol qu'elles n'auraient pu pénétrer auparavant. Indépendamment de ces propriétés, les binages ont encore le grand mérite d'empêcher l'évaporation du sol. Ce dernier effet peut s'expliquer de la manière suivante : La chaleur du soleil dessèche la terre d'autant plus profondément que celle-ci est plus affermie, parce que les particules qui la composent, étant en contact immédiat les unes avec les autres, celles de la surface desséchée par les rayons du soleil réparent l'humidité qu'elles perdent aux dépens de celles placées immédiatement au-dessous. Celles-ci produisent la même action sur les particules inférieures; c'est ainsi que de proche en proche la sécheresse parvient à de grandes profondeurs.

A l'aide du binage, on ameublit la superficie du sol. Cette couche pulvérisée perd rapidement son humidité; mais, n'étant plus adhérente avec la partie inférieure, elle ne peut plus réparer, aux dépens de celle-ci, la perte qu'elle a éprouvée par l'évaporation. Il en résulte que cette surface, desséchée, reste interposée entre l'action du soleil et la couche inférieure, et devient ainsi un obstacle au desséchement de cette dernière.

Le seul soin à prendre pour maintenir cet état de choses est de donner un nouveau binage après chaque pluie, car celle-ci, en mouillant la surface, lui fait contracter une nouvelle adhérence avec la couche inférieure, et détruit, par conséquent, les effets du binage.

La bienfaisante influence du binage est telle qu'il n'y a point de comparaison à faire pour la vigueur entre les végétaux de même âge et de même espèce, venus dans la même terre, dont les uns ont été soigneusement binés, et les autres privés de ce soin.

III. *Buttages.*—Cette opération a pour but d'amener au pied des végétaux une certaine quantité de terre prise dans l'espace qui sépare les lignes entre elles. On l'exécute au moyen de la houe à main, de la houe multiple et du buttoir. Le premier de ces instruments n'est guère employé que dans la petite culture ; on se sert du second dans tous les autres cas ; enfin, l'usage du troisième est exclusivement restreint à la préparation des champs de pommes de terre.

Il y a peu de temps encore, la houe à socs transposables (*voir* la figure suivante) était la seule

Fig. 4

machine dont on pût recommander l'application pour exhausser les plantes. Aujourd'hui, son règne est à peu près terminé, car la houe multiple est venue la remplacer avantageusement à la grande satisfaction des cultivateurs. Quant au buttoir, il a toujours été considéré avec raison comme un des objets les plus nécessaires à la culture des tubercules, et son mérite restera apprécié pendant de longues années encore par tous ceux qui l'ont utilisé. Nous en donnons ici le dessin afin d'en faire comprendre le mécanisme.

Fig. 5.

Lorsqu'il s'agit de récoltes d'été, telles que pommes de terre, betteraves, carottes et navets, les buttages se donnent ordinairement en été, avant que la terre ne soit desséchée : un peu plus tôt, un peu plus tard, suivant l'état de la végétation. Souvent on néglige ce travail sous prétexte qu'il est plus nuisible que profitable. Au fait, les résultats qu'on en obtient sont fort contradictoires et pourraient faire naitre le doute dans les esprits. Sans être partisan absolu des buttages, nous croyons cependant qu'ils sont utiles quand on les pratique de bonne heure ; quand le bas de la tige est encore herbacé et qu'il a une forte disposition à pousser des racines de ses bourgeons situés au-dessus du collet ; quand la végétation encore peu avancée ne peut être dérangée par le remuement de la terre fait près du pied des plantes ; quand le fond de la terre n'est pas meuble naturellement et que le rehaussement procure aux racines un cube de terre ameubli dans lequel elles peuvent facilement grossir ; quand le sous-sol est trop près de la surface, surtout dans les terrains humides. Ils nous paraissent convenir surtout aux espèces qui produisent leurs racines en masse, comme les betteraves, les carottes et les navets ; l'essentiel est de savoir saisir le moment opportun : car butter trop, c'est s'exposer à couvrir les jeunes feuilles de terre ; butter trop tard, c'est risquer de détruire les filaments qui vont puiser dans le sol la nourriture dont la plante a besoin.

CHAPITRE III.

DE LA POMME DE TERRE.

§ 1ᵉʳ. — Observations préliminaires.

La pomme de terre, a-t-on dit, est le pain du pauvre, la ressource principale des classes ouvrières. C'est là un proverbe qui restera vrai aussi longtemps qu'il y aura dans le monde des hommes à nourrir, un adage dont la justesse ne sera contestée que le jour où le précieux tubercule aura disparu du cadre réservé *aux plantes les plus utiles*

et tout à la fois les plus avantageuses à l'agricul-
ture.

Ces quelques mots démontrent l'importance qu'a
acquise en Europe la production des pommes de terre
et établissent jusqu'à un certain point l'immensité
des pertes que causerait à l'humanité l'abandon de
cette solanée, si la Providence, le hasard ou la
force même des choses voulaient qu'elle cessât dans
un avenir plus ou moins prochain de participer à
l'alimentation publique.

La pomme de terre paraît originaire du Pérou,
où elle a cru longtemps à l'état sauvage ; de là, elle
s'est répandue sur le continent dès qu'on en a
connu les propriétés. Son introduction est généralement attribuée à Parmentier, qui chercha par
tous les moyens possibles à populariser son usage
comme aliment. Avant que cette plante ne fût appréciée à sa juste valeur, les populations de l'Europe étaient affligées de famines presque périodiques ;
toutes comptaient, pour se nourrir, sur les récoltes de graines-céréales. Le froment, le seigle et le
gruau d'avoine constituaient l'unique base de la
nourriture. Le succès de toutes ces récoltes était
sous la dépendance complète du temps et des saisons ;
les orages, les brouillards, une longue succession de
pluie ou de sécheresse étendaient-ils leur influence
sur de grandes surfaces ? la disette frappait à la
fois une vaste étendue de pays et décimait les classes ouvrières. L'expérience de ces dernières années
a prouvé, du reste, que ces assertions ne sont point
des sophismes ; il suffit d'une seule récolte man-
quée pour jeter les nations dans la plus profonde
détresse.

Malgré les graves inconvénients auxquels assu-
jettissait, avant la découverte de la pomme de

terre, l'absence d'un végétal susceptible de résoudre le problème de *la vie à bon marché*, une vaste conjuration s'est élevée dans l'origine contre l'usage alimentaire des tubercules provenant de cette plante. Les médecins et les chimistes les déclaraient nuisibles à la santé de l'homme comme à celle des animaux. Le peuple, toujours cramponné aux habitudes que lui ont léguées les siècles précédents, les repoussa longtemps comme une innovation dangereuse ; mais les efforts, les expériences multipliées de Parmentier, finirent par faire triompher la vérité et par attacher le nom de cet homme bienfaisant à la pomme de terre que les peuples reconnaissants appellent encore aujourd'hui *parmentière*.

Nous n'avons pas besoin de faire ressortir le préjudice énorme qui est résulté, pour l'agriculture, de la maladie dont la pomme de terre a été atteinte et à laquelle la Belgique paye depuis huit années déjà un si large tribut. Cette maladie a moissonné trop de récoltes pour qu'on n'en connaisse pas aujourd'hui toute la gravité, et il serait au moins inutile de disserter de nouveau sur un fait qui est passé en quelque sorte à l'état de doctrine. Ce qu'il importe de signaler, c'est que de nombreuses recherches ont été tentées dans le but de paralyser l'action du fléau destructeur, et que jusqu'ici les efforts de l'art et les secours de la science n'ont pu conjurer ses attaques incessantes. Une foule de remèdes ont été proposés pour arriver à la destruction de l'épidémie, mais aucun d'eux ne paraît avoir répondu entièrement à l'attente du public. Des différents moyens curatifs dont on a préconisé l'usage, il en est qui ont eu pour résultat de soulager momentanément les plantations, mais leur influence salutaire n'a pu malheureusement s'éten-

dre au delà de ces limites; d'autres sont restés stériles dans toutes les applications qu'on en a faites
et n'ont jamais eu de plus grand mérite que celui
de provoquer des expériences qu'on savait devoir
rester infructueuses; presque tous, enfin, ont été
abandonnés, comme n'offrant aucune des garan-
ties qui caractérisent les procédés vraiment recommandables.

On conçoit qu'en présence de cette myriade de
spécifiques et de méthodes curatives, les uns plus
ou moins efficaces, les autres plus ou moins saugre-
nues, nous passions légèrement sur les faits qui se
lient à la guérison proprement dite de la parmentière. Nous ne saurions d'ailleurs nous livrer sérieusement à cet examen sans entrer dans des
considérations trop étendues et sans sortir par conséquent du cercle dans lequel doit être renfermé
cet ouvrage. Aussi nous nous bornerons à un
exposé sommaire des moyens que la pratique a
sanctionnés de son approbation. Ces moyens sont
au nombre de trois, en voici l'énumération :

1° Choix de variétés hâtives qui atteignent
promptement leur maturité ;

2° Plantations précoces et choix de terrains secs
et élevés ;

3° Fumure du sol l'année qui précède la plantation.

Il est très-bien reconnu aujourd'hui que les
plantations précoces sont les seules, ou à très-peu
de choses près, qui parviennent à échapper aux
atteintes de la maladie. Planter tôt pour récolter
de bonne heure, ou du moins pour obtenir la maturité avant l'époque où le fléau dévastateur fait
ordinairement son invasion dans les champs, voilà
le meilleur remède que l'on connaisse, le procédé

le plus efficace dont on puisse faire usage. Si l'on a, en outre, la précaution de placer la solanée dans les conditions où elle se trouve aux lieux d'origine, si on ne la confie qu'aux terrains élevés et suffisamment secs, en ayant soin de soustraire de sa culture tous les sols qui pèchent par excès d'humidité, on a, sinon la certitude, au moins beaucoup de chances d'obtenir des produits parfaitement sains et aussi naturels que possible. Les pommes de terre confiées au sol en février et dans la première quinzaine de mars, seront récoltées avant la fin de juin. Or, ce n'est généralement qu'après cette époque ou tout au plus huit jours avant, c'est-à-dire vers le *solstice* d'été, que la température subit les brusques variations dont l'influence malfaisante s'est étendue depuis plusieurs années à presque toutes les plantes cultivées.

L'époque de la fumure et la nature des engrais que l'on doit appliquer au sol sont aussi des points essentiels que l'on doit prendre en considération. Les fumiers nouvellement enfouis fermentent et donnent lieu, dans le sein de la terre, à des réactions qui paraissent favoriser le développement du germe épidémique. Les engrais longs, pailleux et enterrés dans un état de décomposition peu avancé, sont également nuisibles en ce que, retenant l'humidité, ils détruisent les bons effets que l'on cherche à obtenir par des plantations effectuées sur les terres sèches. Il est donc utile que les champs destinés à la production des tubercules soient fumés une ou même deux années avant la culture des parmentières, et que l'on ne donne au sol que des matières suffisamment décomposées. La chaux et les cendres sont enfin des amendements très-recommandables pour atténuer le mal.

Quoi qu'il en soit de ces palliatifs, on est naturellement porté à croire, en voyant la marche suivie par le fléau, depuis le jour de son apparition, que son influence se fera sentir par intervalles, pendant de longues années encore. En infligeant un si rude châtiment à la génération présente, cette maladie servira du moins à contenir dans des limites plus raisonnables l'emploi habituel des pommes de terre comme base de régime ; nous apprendrons à nous ménager plusieurs genres de ressources, à varier davantage notre alimentation par la crainte salutaire que fera peser l'affection épidémique pour ceux qui feront de la parmentière un usage trop exclusif.

§ 2. — Variétés.

La pomme de terre est une plante qui se diversifie à l'infini, et obéit pour ainsi dire au gré ou au caprice du cultivateur. Dans ces derniers temps, les variétés se sont tellement augmentées, qu'il serait impossible, même dans un ouvrage très-étendu, de les grouper et de les classer convenablement. Des hommes spéciaux ont abordé cette tâche, et presque tous ont renoncé à leur entreprise, parce qu'ils ont reconnu que les caractères qui donnent à une variété une physionomie particulière sont réellement insaisissables. Depuis qu'on a eu recours à la voie des semis pour régénérer le précieux tubercule, c'est à peine si l'on parvient à se comprendre, tant le nombre des variétés est devenu considérable. Les expositions agricoles que la Belgique a vu éclore depuis 1848, ont démontré d'ailleurs combien il serait difficile aujourd'hui de se prononcer en faveur d'une espèce à l'exclusion de l'autre. Presque toutes offrant des avantages locaux qu'il n'est point permis de méconnaître si l'on veut rester en dehors de l'absolu, on doit user de beaucoup de réserve, afin de ne pas condamner à la légère une variété qui, médiocre pour certaines contrées, serait avantageuse à des localités placées dans des conditions différentes. Cette dernière considération est tellement puissante à nos yeux, que nous avons résolu de limiter nos observations à quelques principes généraux, abandonnant ainsi à l'intelligence et aux recherches de chacun le soin de fixer son choix d'après les convenances du sol qu'il traite et du climat sous lequel il opère.

Jusqu'à présent on ne s'est guère attaché, pour déterminer la valeur d'une espèce de pommes de terre, que sur le poids de la récolte; mais l'analyse a démontré que les différentes variétés ont chacune des propriétés nutritives particulières, et qu'il faut avant tout avoir égard à leur richesse en matières assimilables. Frappés surtout du volume du tubercule, la plupart des cultivateurs ont planté sans consulter leur convenance relativement à la nature du terrain et sans réfléchir à la question de savoir si un poids donné de pommes de terre appartenant à telle ou telle espèce, ne nourrit pas davantage que le même poids appartenant à telle ou telle autre. De là est résulté un choix mal approprié aux exigences du sol et tout aussi peu conforme aux lois d'une sage économie.

Celui qui produit exclusivement les pommes de terre pour la vente a sans doute des raisons de rechercher la variété qui, dans les circonstances où il se trouve, et sur une surface donnée, lui rapportera le plus en mesure. Mais celui qui se livre à cette culture pour son propre usage doit chercher ailleurs la solution du problème ; son but n'est pas d'obtenir, sur une surface donnée, le plus grand poids en tubercules, mais le poids le plus élevé de substance nutritive : il faut encore, par conséquent, déterminer pour chaque variété la proportion de matière solide et la masse d'azote contenues dans ces tubercules.

Pour apprécier avec assez d'exactitude la quantité de matières solides que renferme une espèce de pommes de terre, on en prend plusieurs tubercules que l'on débarrasse de toute la terre adhérente. On les pèse et on note le poids. On les coupe en tranches et on les fait sécher dans un lieu dont la température soit de 25 à 30 degrés. Lorsque après les avoir pesés à plusieurs reprises, à des intervalles d'une heure, ils n'éprouvent plus de diminution, on note les poids et on établit la proportion.

Le choix et la convenance des variétés sont encore subordonnés aux circonstances locales.

En général, on peut se guider d'après les règles suivantes : 1° Dans les terrains argileux, préférer les variétés dont les racines s'étendent peu. 2° Dans les terres sablonneuses, cultiver les variétés dont les tubercules descendent à une grande profondeur. 3° Pour la consommation des villes, on peut choisir les variétés qui, en raison de leur qualité pour les apprêts culinaires, se vendent aux prix les plus avantageux. Enfin, quelles que soient les conditions dans lesquelles on opère ou le but que l'on ait en vue, il reste toujours acquis à la pratique que les variétés précoces sont celles qui peuvent être le plus facilement soustraites à l'influence pernicieuse de la maladie.

3. — Terrain et engrais.

Quoique originaire des contrées chaudes de l'Amérique, la parmentière peut néanmoins produire des récoltes abondantes dans les pays septentrionaux. Il s'en faut de beaucoup cependant que tous les terrains conviennent à sa culture. Cette plante produit d'abord des tubercules qui n'ont qu'une très-petite dimension et sont très-mous. Si dès leur formation ils rencontrent une terre dure, plastique, imperméable aux influences atmosphériques, leur accroissement est contrarié; ils se difforment. On doit donc placer les pommes de terre dans un champ qui soit assez poreux pour permettre aux produits de se multiplier et de se développer.

Les terrains glaiseux et très-argileux n'ont pas ordinairement cette propriété et ne conviennent point, par conséquent, à la culture des pommes de terre. Outre l'inconvénient qui résulte de leur ténacité, ils présentent encore le défaut de se laisser difficilement travailler, surtout à l'époque de la récolte. On éprouve beaucoup d'embarras pour arracher les tubercules, pour les purger de la terre qui y adhère.

Rentrés humides dans les caves ou les silos, ils s'altèrent promptement et tombent en pourriture. Tous les praticiens ont reconnu d'ailleurs que dans un sol où se trouve une forte portion d'argile, les plantes mûrissent bien plus tard que dans ceux où domine la silice. Ce même terrain demande à être, à l'automne, ensemencé plus tôt que les autres, parce qu'une fois les pluies arrivées, la charrue ne peut plus y fonctionner. Si l'on y mettait des pommes de terre, elles n'atteindraient un degré suffisant de maturité qu'à une époque si avancée que les travaux d'ensemencement ne seraient plus possibles.

Il ne faut pas confondre toutefois un sol argileux ou glaiseux dans son état normal avec un sol *loameux*, tel qu'on le rencontre sur tout le littoral de la mer, sur les bords de la Meuse, dans la Hesbaie et dans d'autres parties du pays. Celui-ci participe des qualités du sol sablonneux et de celles des sols argileux, et se trouve être, dans bien des cas, favorable à la production des pommes de terre, pourvu que l'élément calcaire s'y rencontre. Ce qu'il faut à cette plante, ce sont des terres de consistance moyenne, plutôt légères que fortes, qui doivent sécher de leur nature sans cependant que la surface laisse échapper trop facilement son humidité sous l'influence des rayons solaires. Là où le sable domine dans de trop fortes proportions, les chaleurs de l'été dessèchent promptement la couche arable, la végétation reste stationnaire et les tubercules n'augmentent pas en grosseur. Quand enfin les pluies viennent ranimer la plante, ces petits tubercules poussent de nouvelles tiges, de nouvelles fleurs apparaissent et la récolte perd considérablement de valeur. Il est impossible d'indiquer rigoureusement dans quelle mesure le produit est diminué, mais dans les circonstances ordinaires, et pour ne pas exagérer, le rendement sera au moins réduit de moitié, soit en qualité, soit en quantité.

Les terrains pierreux, lorsqu'ils sont encombrés de fragments nombreux et volumineux, ne peuvent convenir à la culture des pommes de terre, parce que les pierrailles, s'opposant à la marche des instruments aratoires, rendent les façons d'entretien et l'arrachage d'une exécution à la fois pénible et défectueuse. Il en est de même, mais à un moindre degré, des terres caillouteuses.

De toutes les plantes sarclées, la parmentière est une de celles qui supportent le mieux un terrain neuf. Aussi, chaque fois qu'on défonce le sol pour en exposer la couche inférieure à l'influence des agents atmosphériques, doit-on chercher à y obtenir la première année une récolte de tubercules.

Les binages et les menues cultures que l'on donne à la terre pendant toute la période végétative, mettent toutes les molécules successivement en contact avec l'air, et, en incorporant la terre avec l'ancienne couche arable, font du tout un composé bien homogène très-favorable aux plantes qui succèdent.

Les terrains fortement inclinés, dominés par des hauteurs qui reçoivent communément une grande quantité d'eaux pluviales, ne peuvent pas être considérés d'une manière générale comme favorables à la culture des plantes sarclées, et, par cette raison, ne conviennent point aux pommes de terre. Les averses entraînent dans les vallons la terre superficielle ameublie par les binages; les tubercules, exposés nus à des insolations intenses et directes, prennent une coloration verte; leur volume ne prend plus d'accroissement; leur qualité s'altère au point de ne pouvoir plus être propre à la plupart des usages auxquels on les destinait.

Quant à la question de savoir à quels engrais on doit donner la préférence pour la production de la précieuse solanée, il n'est plus guère possible, depuis l'invasion de la maladie, de se prononcer d'une manière catégorique. Avant l'apparition du fléau, le fumier de basse-cour était généralement très-estimé et constituait à peu près partout la seule substance fécondante que l'on appliquât au sol. Aujourd'hui, beaucoup de cultivateurs paraissent revenus de cette pratique ; dans la pensée que les engrais de ferme retiennent l'humidité et provoquent ainsi l'épidémie, ils font usage de matières pulvérulentes, notamment de cendres, de chaux et de guano, et effectuent leurs plantations sur des champs non fumés.

Pour éviter toutes chances de pertes, le mieux serait, à nos yeux, de ne consacrer à la culture des pommes de terre que des champs fumés de l'année précédente. En tirant une ou deux récoltes du sol après la fumure, l'engrais serait parfaitement décomposé à l'époque de la plantation des tubercules, et, comme nous l'avons fait remarquer antérieurement, on éloignerait de cette façon l'une des causes que l'expérience regarde comme fatales à la production.

§ 4. — **Place dans les assolements**.

La pomme de terre fait-elle partie des plantes dites *améliorantes* ou bien doit-elle être classée parmi les végétaux *épuisants?* C'est un point sur lequel les opinions sont encore très-partagées. D'après un certain nombre de praticiens, la production des tubercules n'appauvrirait que faiblement le sol des substances fécondantes qui lui ont été confiées ; suivant quelques autres, au contraire, cette production aurait pour résultat d'enlever toujours une grande proportion d'engrais et de rendre ainsi le terrain plus ou moins impropre au succès des végétations successives. Entre ces deux extrêmes, il y a un juste milieu qui nous parait se rapprocher beaucoup plus de la vérité. L'épuisement que cause à la terre une culture quelconque varie d'ailleurs suivant les conditions des lieux et se trouve souvent subordonné à la manière plus ou moins intelligente dont cette culture a été pratiquée, de sorte qu'en définitive, il n'est guère possible, à moins qu'il ne s'agisse de plantes à grains, de déterminer, sans examen préalable, les facultés absorbantes de tel ou tel végétal, comparé à tel ou tel autre.

Plus on donne de soins à la culture des pommes de terre, moins le sol est argileux et compacte, moins la production des tubercules nuit au sol. Une culture négligée, qui favorise la multiplication des plantes parasites et resserre le sol, n'empêche pas seulement le développement des organes foliacés des pommes de terre, et par suite, paralyse l'action de l'humidité atmosphérique, ce qui force les plantes à tirer leur nourriture dans le sol même, mais elle agit encore mécaniquement d'une manière plus ou moins défavorable à l'état d'ameublissement et de pulvérisation du sol. Plus la récolte est considérable, plus cet état se trouve dans les conditions convenables. Plus le produit est mince, moins le sol est bien préparé mécaniquement.

L'action mécanique que les pommes de terre exercent sur le sol produit également les résultats les plus avantageux sur le succès des récoltes ultérieures. Les tubercules, en grossissant, soulèvent la terre intérieurement, en écartent les molécules ; leur extraction ne peut avoir lieu sans remuer le sol à une grande profondeur ; les façons qu'on leur prodigue ameublissent la surface et détruisent les mauvaises herbes ; le feuillage abondant qu'elles produisent couvre le sol et empêche l'évaporation ; tout, ici, concourt à faire de cette plante une excellente préparation pour la plupart des autres végétaux, surtout si les circonstances ont permis de faire la récolte de bonne heure.

Tout démontre qu'elle remplit parfaitement le rôle de récolte intercalaire, c'est-à-dire qu'elle peut être placée utilement entre deux récoltes de céréales.

On a dit pourtant que les grains d'automne ne réussissent que médiocrement après une récolte de pommes de terre; mais cette opinion est fondée uniquement sur une erreur d'observation. La pomme de terre se récolte ordinairement assez tard : le froment demande une terre bien préparée d'avance, et veut être semé sur un labour ancien; il n'est donc pas facile de concilier les exigences de ces deux plantes, lorsqu'à la première on fait succéder la seconde. Mais, si l'on cultive des pommes de terre précoces, si on les récolte dans une saison peu avancée, on peut affirmer, toutes circonstances égales d'ailleurs, que le grain réussira aussi bien après les pommes de terre qu'à la suite de toute autre récolte; mais si, comme cela arrive parfois, la récolte des pommes de terre se trouve ajournée forcément par l'inclémence de la saison, le froment qui leur succède a alors contre lui un grand nombre de chances défavorables. Le non-succès, dans ce cas, ne doit pas être attribué à une antipathie problématique du blé pour la pomme de terre, mais à un vice de culture, qui aurait pareillement lieu après des betteraves, des carottes, des navets tardifs, etc. Le cultivateur qui se trouvera forcé de retarder l'époque de l'arrachage fera mieux de faire succéder aux pommes de terre des céréales de printemps, telles que froment de mars, orge ou avoine, comme cela se voit en Angleterre et principalement en Allemagne.

Avant l'invasion de la maladie, il était d'usage que l'on disposât ses assolements de manière à faire venir la pomme de terre après la dernière récolte, en partant de l'époque de la fumure. On engraissait alors fortement le terrain et la rotation commençait par une récolte de tubercules. Il ne peut plus en être ainsi aujourd'hui, du moins si l'on admet les principes que nous avons exposés antérieurement. Les fumiers devant être en partie consommés dans la couche arable lorsque l'on effectue la plantation, il convient de ne confier la parmentière au sol, qu'à partir de la seconde ou de la troisième année après la fumure. On peut facilement régler la rotation de manière à arriver à ce résultat sans nuire aucunement à l'ensemble de la production. Il y a pour cela une foule de moyens divers : on ne doit craindre que l'embarras du choix. Voici du reste quelques exemples :

1° *Assolement de sept ans pour terre riche.* — 1re année, féveroles fortement fumées; 2e année, froment; 3e année, pommes de terre; 4e année, avoine; 5e année, trèfle; 6e année, froment; 7e année, lin ou plantes sarclées telles que betteraves, carottes, navets.

2° *Assolement de quatre ans pour terre de moins bonne qualité.* — 1re année, colza, froment ou seigle fumés; 2e année, pommes de terre; 3e année, avoine avec trèfle; 4e année, trèfle, vesces ou plantes sarclées.

Nous pourrions multiplier presque à l'infini les modèles d'assolement où la pomme de terre, au lieu d'ouvrir la succession des plantes, ne viendrait qu'à la seconde ou la troisième année; mais ceux qui viennent d'être exposés nous paraissent amplement suffire à la démonstration que nous avions en vue.

La parmentière n'est point, comme l'ont avancé plusieurs auteurs, antipathique avec elle-même ; on cite des champs qui ont produit six récoltes successives sans que le rendement fût sensiblement diminué. Cette pratique est loin cependant d'être avantageuse ; car elle tend nécessairement à annihiler les bons effets des cultures sarclées qui ont pour but de détruire les mauvaises herbes, entre deux récoltes salissantes. Le défrichement des landes, des forêts et des pâturages convient assez bien à la plantation des pommes de terre ; elles y réussissent ordinairement à souhait et ont de plus la propriété de ne souffrir aucunement de la trop grande force végétative que renferment dans les bons pays les essartages des bois et les prés rompus.

Le trèfle, la luzerne, le sainfoin, sont d'excellentes récoltes préparatoires pour la culture des pommes de terre ; le sol, divisé par les racines de la prairie artificielle, convertie en champ arable, permet aux tubercules de pénétrer dans tous les sens, et de grossir sans rencontrer d'obstacles qui s'opposent à leur développement. Toutefois, comme cette catégorie de terrains est aussi extrèmement favorable à la production des céréales, il est des cas où l'on trouverait de la perte à faire le sacrifice du grain en faveur de la solanée.

§ 5. — **Préparation du sol**.

La nature et la forme des produits de la pomme de terre exigent un sol meuble. Que cet ameublissement provienne de la composition même du sol ou des préparations qu'on lui fait subir, toujours est-il indispensable. Le nombre des labours, l'époque et la fréquence des cultures qu'il convient de donner à la terre pour la disposer à recevoir une plantation de tubercules, doivent être abandonnés à la sagacité des cultivateurs. Cette large part faite aux circonstances exceptionnelles ne peut néanmoins dispenser d'avoir égard aux considérations suivantes :

Toutes les opérations qui ont pour but de développer l'activité du sol pour en utiliser la richesse, d'opérer la destruction des mauvaises herbes, et de fournir aux tubercules une couche meuble qui leur permette d'aller chercher leur nourriture à une grande distance, sont de rigueur pour assurer la réussite des pommes de terre. Nous avons déjà dit que la plante dont nous décrivons la culture ne redoute point un sol neuf; mais comme nous avons aussi mentionné au paragraphe *défoncement du sol*, qu'il serait imprudent d'approfondir la couche arable, sans pouvoir disposer d'un surcroît d'engrais; comme nous avons signalé d'autre part les inconvénients attachés à l'application directe du fumier pour la pomme de terre, c'est le cas ou jamais d'employer ici la charrue sous-sol afin de ne pas ramener la terre vierge à la surface et de ne point nécessiter la présence d'engrais supplémentaires.

L'approfondissement du terrain est une condition essentielle de réussite dans la culture de la parmentière. Non-seulement il a pour effet de soustraire les tubercules à l'influence pernicieuse d'une humidité surabondante, mais il augmente encore la récolte dans des proportions considérables. L'expérience a constaté, en effet, qu'un sol défoncé de 35 à 40 centimètres donne un tiers de plus en produit que le même sol labouré seulement à 25 ou 30 centimètres.

Pour jouir de tous les avantages que procure un labour profond, comme pour en rendre les effets plus durables, il est indispensable de bien combiner la série des récoltes ultérieures. Il doit être précédé d'un bon déchaumage, et voici pourquoi : le déchaumage a pour but premièrement d'ameublir la couche superficielle de la terre ; secondement de faire germer les grains des mauvaises plantes. Si ce déchaumage ne précède pas le défoncement, on jettera au fond de la raie ouverte par la charrue une terre durcie et remplie d'herbes parasites, qui conserveront leur faculté germinative, et reparaîtront dans les rotations suivantes. On pourra bien ameublir la surface après le défoncement ; mais la couche qu'on a enfouie sans l'ameublir est désormais hors du contact des instruments aratoires ordinaires, et le fond de la terre ne tarde pas à se resserrer comme auparavant. Cet inconvénient n'aurait pas eu lieu si, avant de donner un labour profond, on eût ameubli la surface ; on se serait ainsi ménagé les moyens d'avoir une couche meuble dans toute la profondeur de la terre arable.

Les labours profonds doivent toujours être pratiqués en automne, afin que la terre nouvellement amenée à la surface reçoive les bénignes influences de l'air et des gelées. Après l'hiver, le sol demande à recevoir encore deux labours, y compris celui de la plantation. Le premier a pour but de rendre plus complet l'ameublissement de la couche arable et se donne aussitôt que celle-ci est suffisamment ressuyée ; le second sert à enterrer les tubercules et doit avoir lieu par conséquent dès que l'on peut se livrer à cette opération.

Quand on plante des pommes de terre sur un défrichement de prairie naturelle ou artificielle, et en général sur une surface gazonnée, il faut toujours que les labours qui précèdent soient en nombre impair, sans quoi, le gazon serait ramené à la superficie et continuerait à végéter sans se décomposer ; outre que les débris organiques seraient en partie perdus pour la récolte des pommes de terre, ils auraient encore l'inconvénient d'entraver la marche des instruments aratoires et de rendre les menues cultures imparfaites.

§ 6. — Moyens de propagation.

Peu de plantes se multiplient aussi facilement et par des procédés aussi divers que la pomme de terre. La méthode la plus généralement en usage est celle qui consiste à employer pour la propagation de l'espèce, soit un tubercule entier, soit une portion de tubercule. Dans certains pays, on ne plante que les pelures, ailleurs on ne plante que les yeux. Les uns conseillent de couper le tubercule en plusieurs fragments ; les autres préfèrent le conserver entier, mais le choisissent de petite dimension. Enfin, beaucoup d'agronomes sont d'avis que les tubercules moyens sont ceux qui offrent le plus d'avantages. Entre ces différents systèmes, il y a une grande division à établir ; voici, selon nous, comment elle peut être spécialisée : 1° culture par la voie des semis ; 2° reproduction à l'aide de boutures, de germes ou de jeunes tiges ; 3° multiplication par les tubercules. Examinons rapidement la valeur respective de ces trois modes distincts et cherchons à connaître celui auquel il convient d'accorder la préférence.

La multiplication des pommes de terre au moyen de la semence est une pratique dont la culture n'avait jamais tenté de tirer parti avant l'apparition en Europe de la maladie qui attaque cette plante. On se flattait que la parmentière ainsi renouvelée serait à l'abri de ses ravages. Le gouvernement partagea cet espoir et conçut le projet d'intervenir directement, afin de soustraire les campagnes au malaise dont elles étaient rongées. On se rappelle qu'il fit venir de l'étranger des semences qu'il distribua gratuitement aux commissions d'agriculture, aux sociétés et aux comices agricoles, à toutes les personnes, en un mot, qui s'étaient engagées à faire des expériences avec soin, dans un but purement instructif. Le moyen parut d'abord réussir, car toutes ces graines levaient à ravir et promettaient d'excellents fruits. D'un autre côté, le succès de la transplantation, la rapidité de la croissance des plantes, le prompt développement après la première année de culture, faisaient également présager les meilleurs résultats. Mais on éprouva bientôt le regret d'apprendre que les récoltes obtenues de semis, si variées de forme et de couleur, loin d'être à l'abri de la maladie, y étaient au moins aussi exposées que les autres. Beaucoup de plantes se trouvèrent atteintes de la pourriture dès la première saison ; la plupart le furent avant l'expiration de la seconde. Il fallut donc renoncer à cette pratique, et la régénération par semis fut condamnée à rester ce qu'elle était autrefois : une opération horticole. expérimentale, propre à créer de nouvelles variétés plutôt qu'à accroître les ressources de l'agriculture.

La propagation par éclats, boutures, pousses

diverses ou bien au moyen d'yeux séparés des tubercules et enlevés avec une petite portion de chair suffisante pour les nourrir, ne peut être considérée non plus comme un mode avantageux pour les exploitations rurales. Indépendamment des nombreuses chances d'insuccès que présente ce système, il entraîne encore avec lui plusieurs inconvénients graves qui peuvent être écartés, sans doute, lorsqu'on opère en petit, mais que doit forcément subir celui qui plante de grandes étendues de terrain. Ainsi, l'amputation des yeux est longue et très-coûteuse; si on les plante dans un sol et par un temps qui ne soit pas humide, ils se dessèchent et se raccornissent; enfin, il faut les planter deux fois plus épais, ce qui ne laisse plus un espace suffisant pour le passage des instruments de sarclage et de buttage. Nous en dirons autant des boutures, des pousses et des éclats, que l'on ne place jamais en terre sans éprouver plus ou moins de crainte de n'obtenir qu'une récolte médiocre, sinon tout à fait chétive.

La multiplication de la plante par les tubercules reste donc toujours la meilleure méthode dont on puisse faire usage. Déroger à cette règle ne serait justiciable que pour le cas où les pommes de terre auraient dans le commerce une valeur exorbitante. On en trouve une preuve convaincante dans les essais comparatifs qui ont été tentés depuis plus d'un demi-siècle et notamment dans ceux de MM. Anderson, Bergier et Félix Villeroy, dont nous allons rapporter bientôt les conclusions. Mais à quel genre de tubercules doit s'arrêter le choix du cultivateur? Les gros sont-ils préférables aux petits, ou bien les derniers donnent-ils des produits plus satisfaisants? La plantation de pommes de terre ayant un volume ordinaire ne favorise-t-elle pas davantage encore l'accroissement de la récolte? Enfin, peut-on impunément séparer le tubercule en deux ou en trois parties, avant de le confier à la terre? C'est encore à l'expérience que nous devons demander la solution de ces questions.

Il serait sans doute intéressant de rapporter ici les essais par lesquels on est arrivé à établir la valeur relative de chacun de ces modes de multi-plication, mais la nature même de notre travail exigeant la concision, nous devons nous borner à reproduire un seul tableau, nous contentant, pour le reste, de citer les conclusions des expérimen-tateurs. Voici d'abord comment se résument les observations de M. Anderson.

1° Les pommes de terre les plus nombreuses sont produites par les grosses pommes de terre entières ;

2° Le maximum du poids de chaque tubercule est obtenu par les pommes de terre dont on n'avait laissé qu'un œil ou par les petites pommes de terre entières ;

3° Les plus petits poids des tubercules récoltés sont donnés par les quartiers ne renfermant qu'un œil ;

4° Le poids total de la récolte est d'autant plus élevé que le poids des tubercules plantés est plus grand.

Les essais de M. Bergier, de Rennes, conduisent à des résultats analogues.

Ainsi, il a planté sans engrais, le 8 avril, douze lignes de pommes de terre jaunes, au nombre de seize plants par ligne.

	POIDS des tubercules moyens.	POIDS TOTAL des tubercules plantés.	PRODUIT BRUT.	PRODUIT net et totalité faite de la semence.
1. Trois lignes des plus grosses....	0.195	9.590	105.572	96.182
2. Trois lignes de moyennes.......	0.087	4.190	82.520	78.330
5. Trois lignes de petites..	0.048	2.320	78.840	76.520
4. Trois lignes de morceaux, ayant de 2 à 5 yeux....	0.025	1.100	65.640	64.540

Donc, plus le plant est gros et plus le produit net est considérable.

Enfin, les remarques plus récentes de M. Villeroy sanctionnent en tous points celles dont nous venons de donner la substance. Ici encore les grosses pommes de terre entières ont présenté les résultats les plus avantageux.

Au premier coup d'œil, on semble frappé de cette coordination parfaite, mais on finit bientôt par se l'expliquer si l'on réfléchit un instant aux lois qui régissent la végétation. Il est reconnu en effet que la jeune plante ne tire sa nourriture ni de la terre ni de l'air atmosphérique; la semence ou la bouture a reçu de la nature la mission de fournir sa propre substance à l'individu auquel elle a donné naissance, jusqu'à ce que ses organes d'absorption soient assez robustes pour se suffire à eux-mêmes. Si le tubercule de pomme de terre est un peu volumineux, il peut donner aux tiges qui en sortent une grande masse d'aliments tout préparés ; mais si ce tubercule est de petite dimension, il ne fournira que peu de nourriture aux tiges qui en sortiront. Il en sera de même si on coupe le tubercule en plusieurs morceaux ; contre le vœu de la nature, on aura soustrait aux plantes une nourriture dont on ne les prive qu'aux dépens des progrès ultérieurs de la végétation. Ces inconvénients seront plus saillants à mesure qu'on réduira le volume des fragments, ou même qu'on se bornera à ne planter que des pelures ou des yeux.

Le conseil que nous avons à donner doit par conséquent se restreindre dans des limites étroites ; le voici dans toute sa simplicité : *Si vous voulez obtenir une abondante récolte de pommes de terre, choisissez des tubercules de belle grosseur, accordez la préférence à ceux qui ont peu d'yeux bien développés, et ne confiez plus au sol ni fragments de tubercules, ni avortons pour multiplier la plante.*

§ 7. — **Plantation des tubercules.**

Il serait très-difficile aujourd'hui de déterminer avec quelque précision l'époque à laquelle on doit effectuer la plantation des pommes de terre. Avant qu'on ne connût les tristes effets de la maladie, les cultivateurs avaient généralement une grande latitude pour exécuter cette opération, car les tubercules confiés à la terre à la fin de mai seulement, produisaient des récoltes tout aussi abondantes que celles qui étaient plantées deux mois plus tôt. En est-il encore ainsi actuellement ? Les faits semblent avoir donné à cette question un sens complétement négatif. Nous pensons donc, jusqu'à preuve du contraire, qu'il est de la plus haute importance de commencer la plantation aussitôt que l'état du sol le permet, c'est-à-dire quand la couche arable est suffisamment sèche pour recevoir utilement l'action des instruments aratoires.

La profondeur à donner dans le sol aux tubercules qui sont destinés à la reproduction ne peut non plus être fixée d'une manière absolue. Il est des espèces dont les racines tendent à s'enfoncer profondément, et alors le tubercule ne sera pas recouvert d'une épaisseur de terre de plus de 9 à 12 centimètres. Il en est d'autres qui tendent au contraire à remonter ; leurs tubercules sont logés jusqu'à la superficie du sol. Dans ce cas, on doit planter le tubercule à une plus grande profondeur. En dehors des convenances propres à chaque variété, il faut dire cependant que l'on a proposé d'une manière générale les plantations profondes comme un moyen précieux de soustraire les récoltes aux ravages de la maladie. M. de Mathelin, de Messancy, l'un des agriculteurs les plus compétents de la Belgique et dont le nom fait autorité dans notre pays, recommande particulièrement cette méthode et déclare en avoir obtenu les meilleurs résultats. Voici ce qu'il écrivait au mois d'octobre 1850, dans le *Moniteur des Campagnes*, revue périodique des progrès agricoles : « Un point me paraît maintenant éclairci, c'est que la maladie a son principe dans l'atmosphère. Il sera donc bien difficile, pour ne pas dire impossible, d'y soustraire complétement les plantes sujettes à la contracter. Dès lors, toute la question se réduit, d'après moi, à trouver un moyen pratique pour en atténuer les effets.

« C'est sous l'empire de cette pensée que, depuis plusieurs années déjà, j'ai fait des expériences qui m'ont amené à reconnaître que ce sont généralement les pommes de terre les plus rapprochées de la surface du sol qui sont le plus exposées, et que le danger diminue pour elles au fur et à mesure qu'elles sont placées plus profondément en terre. Les différentes plantations expérimentales que j'ai faites, tant au printemps qu'en automne, ont été recouvertes d'une couche de terre d'une épaisseur de deux à neuf pouces; et j'ai constaté, chaque fois, que le nombre des tubercules attaqués existait dans ces plantations en raison inverse de la profondeur à laquelle ils se trouvaient enfouis; et quand j'arrivais à celle de huit pouces, les effets de la maladie disparaissaient complétement ou étaient, au moins, tout à fait insignifiants.

« J'ai eu occasion, cette année, de vérifier encore l'exactitude de mes observations: dans mon exploitation, la maladie n'a pas eu de prise sur les champs de pommes de terre, tandis que mes voisins qui avaient planté les mêmes espèces, à la profondeur ordinaire, dans des terrains contigus aux miens, ont perdu une bonne partie de leur récolte. »

Nous pensons que le conseil de M. Mathelin mérite d'être pris en sérieuse considération et que la pratique dont il préconise l'usage, peut offrir des avantages réels à ceux qui en feront une judicieuse application.

On sait que les pommes de terre se plantent ordinairement de deux manières, avec des instruments à mains ou à la charrue. La première de ces méthodes est à la fois moins expéditive, moins économique et souvent même moins régulière que la seconde. Elle n'est guère employée que là où, comme dans les Flandres, la propriété est très-divisée, et chez les petits particuliers des autres provinces où l'on ne rencontre ni chevaux ni instruments aratoires. Il arrive cependant que par suite de causes indépendantes de sa volonté, le grand cultivateur se trouve dans l'obligation de substituer la bêche à la charrue et de suivre ainsi, malgré lui, la pratique adoptée par la petite culture. Nous ferons donc chose utile en donnant successivement la description des deux procédés.

A. *Plantation à la bêche.* — Lorsque l'on doit enterrer les tubercules à l'aide d'instruments à main, tels que la bêche ou la pioche, il est nécessaire, pour que l'opération marche avec promptitude et régularité, de prendre les dispositions suivantes : Un ouvrier fait une rangée de trous, en prenant le champ dans le sens de sa largeur. Un enfant qui tient les tubercules placés dans un panier, en jette un dans chaque trou à mesure qu'il est ouvert, le premier ouvrier faisant face à la série de creux qu'il vient d'ouvrir, fait un pas à reculons et commence une nouvelle rangée de trous parallèle à la première, et il se sert de la terre extraite de cette seconde série pour couvrir et fermer les trous de la première. Il ouvre pareillement une troisième rangée de trous dont la terre couvre ceux formés dans la seconde, et ainsi de suite. Cette méthode est beaucoup plus expéditive que si l'on ouvrait des creux sur toute la surface de la pièce pour y déposer ensuite un tubercule et seulement alors les recouvrir. Si on jette dans le trou de la série précédente la terre extraite de celui de la série suivante, ce trou sera parfaitement comblé.

Dans les plantations très-précoces, au lieu de recouvrir totalement les trous à mesure qu'on ouvre la seconde rangée, on ne les recouvre que partiellement en dirigeant avec la bêche la plus grande partie de la terre vers le nord. De cette manière,

les vents froids, les gelées qui peuvent survenir à
une époque rapprochée de l'hiver, n'ont aucune
prise sur la plante qui pousse ses jeunes feuilles
dans la captivité, et qui est d'ailleurs abritée par le
monticule qu'on a formé. Un peu d'exercice a bientôt
appris à l'ouvrier le plus inexpérimenté à saisir le
coup de main nécessaire pour couvrir à la fois le
tubercule et former le monticule.

B. *Plantation à la charrue.*— Ainsi que nous
l'avons fait remarquer plus haut, ce mode de plantation est celui qui est le plus en usage dans notre
pays. Malgré sa grande simplicité, il ne laisse pas,
toutefois, d'offrir souvent une exécution imparfaite.
La main-d'œuvre étant mal distribuée, il en résulte
de l'encombrement et du désordre. On va, on vient,
on court ; la charrue arrive à l'extrémité du champ
avant que la raie où elle va entrer soit plantée ; il
faut qu'elle attende : la besogne alors se fait avec
précipitation, c'est-à-dire qu'elle se fait très-mal.
La méthode suivie dans les exploitations où l'on
procède sur une grande échelle, permet au contraire de coordonner toutes les parties, toutes les
phases de l'opération, de manière que tout soit fait
à propos, que chacun ne soit ni trop pressé ni oisif,
et arrive toujours à temps. Nous allons la faire
connaître en quelques mots.

Après avoir préparé convenablement la terre par
un ou deux labours, après avoir ameubli la surface
au moyen de hersages et de roulages plusieurs fois
répétés, on commence la plantation. Ce travail
s'effectue à l'aide de deux ou trois charrues, suivant la distance que l'on veut avoir entre les lignes.
La bande de terre tranchée ayant ordinairement de
25 à 50 centimètres de largeur, deux attelages suffisent, si les rayons doivent être distancés seule-

ment de 50 à 60 centimètres ; il en faut trois quand on désire donner aux interlignes un espace de 70 à 80 centimètres. Pour enterrer les tubercules, on ouvre d'abord une raie de charrue de 12 à 15 centimètres de profondeur (1) ; les pommes de terre sont disposées au fond de cette raie, à la distance voulue les unes des autres ; on les recouvre par la tranche renversée en creusant le sillon suivant ; on ouvre ensuite, comme nous l'avons dit, un ou deux autres sillons qu'on ne garnit pas de semence, suivant l'intervalle qui doit exister entre les allées.

La seule précaution à prendre pour assurer la marche régulière de la plantation, c'est de faire suivre les instruments à une très-petite distance les uns des autres. De cette manière les personnes chargées de distribuer la semence trouvent facilement entre le passage de la dernière charrue et le retour de la première, le temps nécessaire pour exécuter la plantation avec soin. Il va de soi que les charrues se suivant de très-près, les tubercules doivent toujours être placés dans le sillon qui reste le plus longtemps ouvert, c'est-à-dire dans le dernier.

Les tubercules sont ordinairement placés dans les raies par des femmes. Celles-ci sont rangées le long du champ et se trouvent à une certaine distance les unes des autres. Supposons, par exemple, que la terre ait, dans le sens du labour, une longueur de 100 mètres et que l'on puisse disposer de cinq ouvrières pour la plantation. Dans ce cas, on donne à chacune un espace de 20 mètres à parcourir, la première commence à planter à la lisière du champ en suivant le sillon jusqu'à ce qu'elle

(1) Le sillon devrait avoir au moins 25 centimètres de profondeur si l'on adoptait le procédé de M. Mathelin pour diminuer les chances de la maladie.

rencontre les tubercules placés par la seconde, et ainsi de suite pour toutes les autres. Arrivées à ce point elles traversent la terre et vont reprendre le même travail dans le sillon creusé du côté inverse dès que les charrues ont effectué leur retour.—Ce mode de plantation, quand il est bien organisé, marche très-régulièrement et s'accomplit avec beaucoup de célérité.

Quant à ce qui concerne la distance la plus convenable à mettre entre les lignes de pommes de terre, et entre les pommes de terre elles-mêmes dans la ligne, on ne peut se prononcer qu'avec réserve. Afin d'être à même de donner au sol les cultures et les façons qu'ils jugent convenables pour exposer au contact de l'air la plus grande surface de terre possible, beaucoup de praticiens établissent les lignes à une grande distance et rapprochent les tiges dans la ligne par une plantation plus épaisse. D'autres combinent l'espacement des rangées et des tiges de manière que celles-ci, dans quelque sens qu'on les prenne, se trouvent au sommet sur les angles d'un carré parfait. Pour la petite culture, nous croyons que ce dernier mode est préférable à l'autre, parce que les façons d'entretien se donnant avec les instruments à main, permettent un travail méthodique dans tous les sens; mais lorsqu'il s'agit de plantations étendues où les houes à cheval et les buttoirs doivent fonctionner, les grands espaces entre les rangées et les petites distances dans les lignes sont indispensables. Un espace de 35 à 40 centimètres entre chaque plante pour les plantations en carré et une distance de 65 à 70 centimètres dans un sens sur 27 à 30 centimètres dans l'autre pour les plantations de grande culture, telles sont, selon nous, les conditions qui peuvent le mieux conduire à l'abondance des récoltes.

§ 8. — Culture pendant la végétation.

Il ne faut pas oublier que la pomme de terre est une récolte-jachère, et qu'en bonne agriculture on ne doit rien négliger pour atteindre ce but. C'est une mauvaise économie, un calcul très-faux que la parcimonie dans le nombre, la fréquence et l'énergie des menues cultures données aux pommes de terre. Le cultivateur qui voudrait épargner les binages et les sarclages ressemblerait à l'avare qui enfouit son trésor au lieu de le livrer à la circulation, sous prétexte qu'il y a dans le monde des dépositaires infidèles. Les binages et les menues cultures sont les caisses d'épargne du cultivateur. Quelque temps après la plantation, dans le court espace qui précède la sortie des tiges, et lorsque les mauvaises herbes de la surface ont déjà germé, on promène sur le sol une herse pesante, afin de détruire les plantes adventices, et de briser la croûte qui a pu se former à la surface. Quelques personnes s'effrayent à la seule idée des dommages qui leur paraissent être la conséquence inévitable de cette opération. Cependant lorsqu'elle est faite avec ménagement, elle n'est jamais accompagnée des résultats désastreux qu'on lui suppose bien gratuitement. Quand même quelques tubercules seraient déplacés, ce léger inconvénient est toujours largement compensé par l'augmentation du produit et de la propreté du sol. Quand les tiges ont déjà pris un certain accroissement, il est avantageux, si la surface n'est pas suffisamment purgée des mauvaises herbes, de faire passer la houe à cheval ou la houe multiple. Enfin, dès que les plantes peuvent supporter le buttage, on pratique ce travail à l'aide de la houe multiple d'abord, avec le buttoir ensuite. On a essayé dans ces derniers temps de remettre en doute l'efficacité du buttage, mais l'expérience semble toujours donner gain de cause aux agriculteurs qui considèrent cette opération comme utile. On ne doit pas perdre de vue, toutefois, que le buttage demande à être exécuté de bonne heure pour produire des effets réellement avantageux. Donné trop tard, il entrave la végétation, et diminue, sans qu'on s'en aperçoive, le rendement des tubercules.

Plusieurs agronomes ont aussi proposé de recueillir les fanes de pommes de terre pour en nourrir les bestiaux ; outre que c'est une très-mauvaise nourriture, on a constaté par des essais comparatifs que l'enlèvement des feuilles cause un tort sensible à la récolte. On doit donc bien se garder d'écimer les tiges si l'on ne veut s'exposer à agir contrairement aux vœux de la nature.

Indépendamment du fléau auquel l'Europe entière paye un si large tribut depuis 1845, les maladies qui attaquent les pommes de terre sont *la frisolée*, *la gale* et *la rouille des feuilles*. Comme ces affections ne se déclarent que très-rarement en Belgique, il est inutile d'en décrire ici les caractères.

§ 9. — **Récolte et rendement**.

L'époque de la récolte dépend de la variété cultivée et d'une foule de circonstances qu'il serait trop long d'énumérer. Des faits bien observés ont détruit l'opinion émise par plusieurs cultivateurs, que les tubercules récoltés avant maturité ont une

influence malfaisante sur la santé des consommateurs. Mais des inconvénients très-graves sont attachés aux récoltes prématurées. Si les produits ne
nuisent point à la santé, ils flattent peu le goût;
la conservation en est très-difficile et la production
diminuée.

En général, nous croyons qu'on doit entendre
par maturité des pommes de terre le moment où la
plante a cessé de vivre, et où un plus long séjour
dans la terre n'ajouterait rien ni à la qualité ni à
la grosseur des tubercules. Mais l'époque où il convient de commencer la récolte n'est pas toujours
coïncidente avec celle où la maturation est achevée.
Il importe dans bien des circonstances d'arracher
les pommes de terre lorsque la plante végète encore. Ces circonstances se rencontrent plus fréquemment qu'on ne le pense : c'est surtout dans les
terres argileuses que le cultivateur est obligé de
récolter avant maturité. Dans cette espèce de sol,
la végétation marche plus lentement qu'ailleurs;
et si après les pommes de terre on veut semer des
grains d'automne, il faut opérer l'arrachage de
bonne heure, et ceci par deux raisons : d'abord
pour avoir le temps de préparer convenablement
le terrain; ensuite afin que l'arrachage présente peu
de difficultés; car en le reculant, on verrait l'opération entravée par la ténacité du sol, qu'augmenterait encore l'inclémence de la saison. On récolte
encore forcément avant la maturité lorsque les
gelées viennent désorganiser les tissus végétaux qui
sont à l'état herbacé : la plante ne végète plus; et
retarder la récolte serait non-seulement une négli-
gence, mais ce serait une faute qui pourrait avoir
les conséquences les plus désastreuses.

On arrache les pommes de terre, soit à l'aide

d'outils à main, soit avec des instruments aratoires conduits par des animaux. La première méthode est spéciale à la petite culture, la seconde convient plus particulièrement aux grandes exploitations.

Si l'on se sert de la bêche, du crochet ou du trident, on enlève d'un seul coup toute la plante et les tubercules qui y sont attachés ; on la saisit par la tige et on la secoue pour en détacher la terre, puis on la laisse sur le terrain. Après quelques heures d'exposition à l'air pour leur donner le temps de se ressuyer, des femmes les ramassent, séparent les tubercules des tiges et les mettent dans des sacs ou les chargent sur des charrettes qui les rentrent à la ferme.

Les instruments aratoires que l'on emploie pour arracher les pommes de terre sont la charrue ordinaire, et le buttoir ou charrue à double versoir. Lorsqu'on se sert de la charrue simple, le premier trait de l'instrument a pour objet d'enlever la partie de terre qui se trouve entre les rangées de tubercules. Il faut procéder ici de la même manière que pour la plantation, c'est-à-dire que l'on doit mettre autant de charrues pour arracher que l'on en a mis pour planter. On donne à la dernière une entrure un peu plus forte et on règle la largeur de la tranche de telle sorte que tout l'ados soit emporté en un seul trait ; les pommes de terre sont alors soulevées, puis retournées. Les tiges déplacées sont à leur tour secouées avec le trident et on en détache les tubercules ; ce qui est d'autant plus facile qu'elles demeurent intactes sans être lacérées, et que les tubercules pendent aux bourgeons radicaux.

Quoique le buttoir soit peu usité dans l'extraction des tubercules, nous croyons que son emploi est beaucoup plus avantageux que celui de la charrue simple. Voici les dispositions à prendre pour en obtenir de bons résultats. Quand les tiges ont éprouvé un commencement de dessiccation, ou qu'étant vertes encore, on les a fait couper pour qu'elles n'entravent point l'instrument dans sa marche, on conduit le buttoir dans le champ de pommes de terre, on place les deux chevaux de front, de sorte que l'ados où se trouvent les tiges soit précisément entre les deux animaux. On fait piquer l'instrument à une moyenne profondeur, et on lui imprime une direction telle que, dans son mouvement de progression, il fende toujours en deux parties égales la butte qui est devant lui, et que le double versoir éparpille de chaque côté la terre et les tubercules.

Ce travail, déjà excellent en lui-même, peut être encore amélioré par l'observation de certaines règles complémentaires. Ainsi, la première rangée de tubercules étant arrachée, le buttoir à son retour fonctionnera de même que précédemment, non dans la rangée voisine, mais dans la troisième, et ainsi de suite, en sorte que si chacune des lignes de pommes de terre qui composent une pièce recevait un numéro d'ordre, la charrue opérerait d'abord sur tous les numéros impairs. Quand tous ceux-ci auront été ouverts, le sol présentera la physionomie d'un champ de pommes de terre dont la moitié seraient arrachées ; chaque ligne paire, restée debout, aurait à droite et à gauche une rangée arrachée, et, par contre, chaque ligne impaire arrachée, aurait à droite et à gauche une rangée paire demeurée intacte.

Si l'on a eu soin de faire amasser les tubercules à mesure que le buttoir les a découverts, on ne courra pas le danger de les voir enfouis sous la terre que déplacera l'instrument, lorsqu'il viendra ouvrir les lignes que nous avons supposées porter des numéros pairs.

Quel que soit, du reste, l'instrument auquel s'arrête le choix du cultivateur, il est essentiel de donner à la terre un ou plusieurs coups de herse immédiatement après que la récolte est terminée, afin de ramener à la surface les tubercules qui pourraient avoir échappé soit à l'attention des ouvriers, soit à l'action des machines. C'est même une excellente mesure de précaution de faire suivre de femmes armées de paniers, les charrues qui donnent le dernier labour de semailles.

On retrouve encore là une quantité de pommes de terre suffisante pour compenser et au delà le surcroît de main-d'œuvre qu'occasionne cette opération complémentaire.

Quant au produit que donne ordinairement la parmentière sur une surface de terrain donnée, il n'est guère possible de le déterminer que par approximation. On cultive les pommes de terre dans des conditions si différentes; il y a d'ailleurs si peu de parité dans le rendement d'une espèce à celui d'une autre, qu'on ne doit pas être surpris de la multiplicité des chiffres qu'on a proposés pour représenter le produit de cette plante.

D'après la *Statistique agricole de Belgique*, le rendement moyen, dans notre pays, s'élèverait à environ 200 ou 220 hectolitres, soit 12 à 14 mille kilogrammes par hectare. Nos propres observations nous autorisent à croire que ces quantités sont celles que l'on parvient à obtenir au moyen de la culture ordinaire. On trouve sans doute des exemples où des plantations ont donné 300 et même 400 hectolitres; mais ces cas ne se présentent que dans des circonstances tout à fait exceptionnelles, et ne peuvent par conséquent servir de règle dans une appréciation générale.

§ 10. — Conservation des produits.

Quand les pommes de terre ont été arrachées, on les laisse quelque temps sur le sol avant de les amasser, afin qu'elles se ressuient. La terre qui adhère aux tubercules est alors plus facile à enlever, et la conservation est beaucoup plus aisée.

Les pommes de terre se placent dans les caves ou dans des silos creusés en plein air; on les y transporte au moyen de tombereaux et de chariots à quatre roues. Ces derniers doivent être préférés comme offrant moins de tirage. Les pommes de terre sont mises sur les véhicules, soit telles qu'on les a amassées, soit après avoir été placées préalablement dans des sacs. Cette dernière méthode n'a pas d'avantages bien décidés, et a le grave inconvénient d'user beaucoup de toile en très-peu de temps. Dans tous les cas, on ne mettra sur chaque chariot qu'un nombre déterminé de mannes ou de paniers de tubercules; on peut par ce moyen bien simple s'assurer du nombre d'hectolitres ou de kilogrammes qu'on a récoltés.

Les tubercules, tels qu'on les récolte, peuvent se conserver partout, pourvu qu'ils soient à l'abri de l'humidité, du froid, de la chaleur et de la lumière. L'humidité occasionne la pourriture; le froid désorganise les végétaux en déterminant la congélation de leur eau de végétation; la chaleur, l'air et la lumière réunis font germer la semence. La lumière a en outre l'inconvénient de donner au tubercule une couleur verte qui le rend impropre à l'alimentation de l'homme.

Communément on se contente de déposer les tubercules dans les caves ou les silos sans aucune espèce de préparatifs ; d'autres fois on prend, de plus, la précaution de les éloigner des murs, de les diviser par tas de deux ou trois pieds d'épaisseur, encaissés de tous côtés par des claies ou des branches d'arbres, par des planches, des pailles ou des feuilles sèches.

En général, les cultivateurs font creuser dans un terrain solide et sec, près de la ferme ou dans le champ sur lequel les pommes de terre ont été recueillies (exempt d'humidité) une ou plusieurs fosses d'un grandeur proportionnée à la quantité que l'on a besoin de conserver.

La profondeur des fosses doit être telle qu'il y ait sur les tubercules une épaisseur suffisante de terre pour que la gelée ne puisse les atteindre ; il vaut aussi mieux faire plusieurs fosses moyennes ou petites qu'une seule grande, parce que la fermentation y est moins à craindre, et que l'on peut vider en entier une petite fosse, tandis qu'une grande devant être refermée chaque fois, quelque précaution que l'on prenne, il est difficile de la reboucher assez hermétiquement pour que l'introduction de l'air ne soit pas nuisible.

On peut pratiquer plusieurs rangées de fosses en observant entre elles des intervalles convenables : on les remplit jusqu'à la surface du sol, même de quelques pouces au-dessus, en les terminant en dos d'âne ; on couvre le tout avec la terre extraite, que l'on a réservée autour ; on la dispose en pente. et on la presse avec le dos de la pelle, de manière à ce qu'elle soit bien compacte, afin que cette terre.

élevée en monticule et battue, porte les eaux pluviales en dehors et assez loin des tas. Des cheminées d'aérage pratiquées au-dessus de la masse au moyen de paille donnent enfin un libre cours aux émanations qui se dégagent toujours lors de la mise des tubercules en silos.

La méthode anglaise dite *en pâté* est peut-être celle qu'il serait le plus avantageux de mettre en usage. Voici en quoi elle consiste : on place les tubercules sur un sol très-sec, à proximité de l'exploitation, où l'on trace une plate-bande de 5 pieds de largeur. On pose une couche de paille sur le sol ; on entasse sur celle-ci les tubercules jusqu'à la hauteur de 3 à 4 pieds ; on les recouvre d'une couche de paille et d'une couche de terre par-dessus, que l'on fait assez épaisse ; on remet ensuite de la paille que l'on établit en forme de toit, pour empêcher que la pluie ne pénètre ; puis on creuse des rigoles latérales à la plate-bande pour écouler les eaux et les écarter du pâté dans lequel les pommes de terre se conservent jusqu'au printemps suivant. Ils sont larges et hauts de 4 à 5 pieds environ ; on les prolonge autant que la provision à conserver l'exige, et on entame le pâté par un bout ; on continue jusqu'à la fin, en ayant soin de reboucher l'ouverture à chaque fois. — La figure suivante présente une coupe de ce genre de silo : l'im-

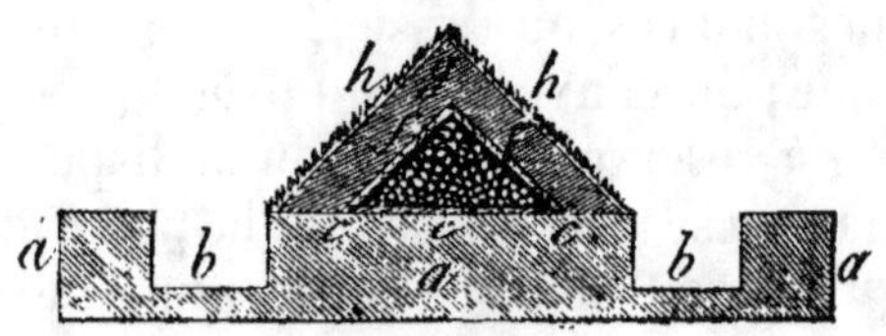

Fig. 6.

portance du sujet nous engage à en décrire les parties principales :

AAA indiquent la ligne de la superficie du sol.

BB. Les deux fossés latéraux, de 3 pieds de large sur 2 pieds de profondeur, dont les terres doivent servir pour couvrir les pommes de terre. Ces fossés sont la principale cause de leur parfaite conservation, parce qu'ils absorbent et soutirent continuellement toute l'humidité surabondante qu'elles pourraient conserver ou acquérir.

CC. Perches ou chevrons d'environ 2 pouces de diamètre, ou morceaux de volige sur champ, ou tout autre moyen d'arrêt dont l'effet soit d'empêcher les pommes de terre du lit d'en bas de rouler au delà de la banquette sur laquelle on les décharge.

D. La masse de pommes de terre formant un prisme de 6 pieds de base et élevé de manière à ce que les pommes de terre s'y placent d'elles-mêmes à l'angle de 45 degrés, ce qui met le sommet du prisme à 3 pieds au-dessus de la base.

E. Lit de paille d'environ 2 pouces d'épaisseur, que l'on pose sur le sol avant d'y décharger les pommes de terre.

FF. Deux autres pareils lits de paille que l'on pose sur les deux côtés du prisme de pommes de terre, quand elles sont en place.

GG. Couche de terre d'un pied d'épaisseur superposée de toutes parts aux lits de paille qui recouvrent les deux côtés du prisme de pommes de terre. Pour poser cette couche d'un pied de terre, dès que le prisme est terminé et recouvert de ces minces lits de paille, on place un ouvrier de chaque côté, et ces deux ouvriers, travaillant simultanément, creusent les fossés latéraux et en rejettent les terres sur le prisme. Comme l'angle de leur support est à 45 degrés, ces terres s'y maintiennent très-bien, et les deux ouvriers ont soin, en les rejetant, de les appuyer d'un coup du plat de la bêche.

HH. Lits de feuilles d'environ 2 à 3 pouces d'épaisseur ; ces feuilles sont défendues contre le vent par quelques brins de fagots placés sur elles dans le sens de la pente du prisme.

On fait ce prisme aussi long qu'il est nécessaire, et l'on termine chaque extrémité comme un toit en croupe, en leur donnant la pente pareille à celle des côtés, et en les couvrant de même en paille, terre et feuilles. Quand on a besoin de pommes de terre, on ouvre seulement la croupe d'une des extrémités, on prend sa provision de la semaine, et on reforme une nouvelle croupe avec les matériaux de l'ancienne.

Un mode de conservation qui offre également de notables avantages, tout en offrant de grandes facilités d'exécution, est celui que l'on a adopté dans les provinces wallonnes. Pour conserver leurs pommes de terre, les cultivateurs de ces contrées les placent sur la surface du sol, et y établissent des tas séparés en forme de pain de sucre de 3 à 4 pieds d'élévation, qu'ils recouvrent de quelques pouces de paille, puis d'une masse de terre que l'on dresse et bat avec le dos de la bêche, pour que les eaux puissent s'écouler sans s'infiltrer. On emploie à cette construction la terre qui provient du petit fossé et des petites rigoles que l'on pratique autour du tas ; s'ils en fournissaient une trop faible quantité, il faudrait nécessairement en rapporter.

Enfin, lorsque les grands froids surviennent, on les recouvre avec du fumier sec, qui doit avoir au moins un pied et demi d'épaisseur. Quand on a besoin de tubercules, on transporte à la ferme tout ce que contient le tas, parce qu'il serait difficile de bien garantir la portion restante.

Dans la plupart des exploitations des Flandres de quelque étendue, on possède pour la conservation des pommes de terre des caves ou silos maçonnés à une profondeur de 20 à 30 centimètres et construites au moyen de briques placées *sur champ*. Ces caves sont disposées de telle sorte qu'on puisse les aérer facilement lorsque le besoin s'en fait sentir. Elles sont recouvertes de terre et se trouvent ainsi à l'abri des gelées les plus intenses.

Il est essentiel, lorsqu'on possède une grande quantité de pommes de terre, de visiter de temps à autre les caves ou les silos, afin de voir dans quel état se trouvent les produits qui y sont contenus. S'il se manifestait dans les tas des signes de fermentation, on procéderait immédiatement au triage des sujets altérés, et on ne laisserait dans les fosses ou les celliers que les produits parfaitement sains. Par ces motifs, on doit donc toujours avoir soin de faire passer d'abord dans la consommation les pommes de terre qui menaceraient d'être attaquées (1).

§ 11. — Usages et valeur.

Les différents usages auxquels on emploie la

(1) D'après M. le baron Peers, d'Oostcamp, l'un des agriculteurs les plus intelligents du pays, un excellent moyen d'augmenter le produit des récoltes de pommes de terre, serait de ne cultiver la parmentière sur le même terrain qu'après un espace de sept à huit années. M. Peers conseille aussi, en se fondant sur ses propres essais, de procéder envers les tubercules comme on le fait à l'égard du froment, du seigle, etc., c'est-à-dire de changer souvent de semence afin que la végétation ne perde point de sa vigueur primitive. Ces observations sont d'une haute importance et nous paraissent de nature à être méditées avec fruit par tous les agriculteurs.

pomme de terre sont nombreux et variés. On s'en sert pour la fabrication de l'eau-de-vie, où elle joue un rôle important. On en fait aussi de la fécule que l'on consomme sous différentes formes. Pour obtenir ce dernier produit dans les ménages, on râpe les tubercules sur un tamis placé dans un baquet d'eau, on remue bien et on laisse reposer l'eau du baquet; on la verse lorsque la fécule s'est déposée au fond. Enfin les pommes de terre sont d'un grand secours dans l'alimentation de l'homme et des animaux. Tous les bestiaux les consomment dès qu'ils y sont habitués. Cependant elles ne doivent pas être données crues en grande quantité, surtout aux vaches pleines, parce qu'elles peuvent causer des avortements. Du reste, elles favorisent la sécrétion du lait aux dépens même de l'embonpoint de l'animal. Cuites, elles sont au contraire meilleures pour les bêtes à l'engrais que pour les bêtes laitières, et peuvent être données sans inconvénient en forte quantité, même aux chevaux. La meilleure manière de cuire les pommes de terre, c'est au four ou à la vapeur, dans une marmite qui n'a d'eau que jusqu'au quart, et dans le fond de laquelle on fixe un plateau en fer-blanc ou en osier percé de trous. Les tubercules se mettent par-dessus le plateau et ne doivent pas tremper dans l'eau, dont le vapeur seule les pénètre et les cuit. On a inventé en Angleterre des appareils extrêmement ingénieux pour la cuisson des racines, mais nous ne pouvons, faute d'espace, en donner les plans ni la description.

Si l'on voulait fixer avec quelque précision la valeur d'une récolte de pommes de terre, il faudrait avoir recours à de longs et minutieux calculs que repousse même la nature de ce traité. Nous nous bornerons donc à une simple comparaison, afin de ne pas sortir des limites dans lesquelles doivent être circonscrites ces observations complémentaires.

Le rendement de la pomme de terre, avons-nous dit, s'élève en moyenne à 15 mille kilogrammes par hectare. Comme il faut à peu près deux kilogrammes de ce produit pour obtenir une quantité de substance nutritive égale à celle que renferme un kilogramme de foin, il s'ensuit que cette proportion de tubercules correspond à un chiffre d'environ 7,000 kilogrammes de bon foin. Or, que donne d'ordinaire un hectare de prairies naturelles en herbe desséchée? Trois ou quatre mille kilogrammes au plus. La comparaison mène donc à cette conséquence, qu'un champ de pommes de terre, en tant qu'on le considère comme source d'alimentation pour le bétail, est le double plus productif que le même champ couvert d'herbages naturels ou artificiels. Mais il n'est pas toujours bon de consacrer la parmentière à la nourriture des animaux. Il est même telles circonstances où l'on trouve de la perte à la faire consommer soi-même dans son propre ménage. Ces circonstances se présentent surtout quand le prix des pommes de terre dépasse (comme cela a lieu aujourd'hui, 15 avril 1855) leur valeur effective. Écoutons ce que dit à ce sujet l'*Introduction* à la *Statistique agricole*.

« D'après les savants les plus dignes de confiance, lit-on dans ce travail 100 kilogrammes de pommes de terre ne valent, comme matière nutritive, que 17.45 kilogrammes de blé. Or, de 1840 à 1845, 100 kilogrammes de ces tubercules se sont vendus, en moyenne, sur nos marchés, fr. 6-32, tandis qu'à la même époque on pouvait acheter 17.45 kilogrammes de blé pour fr. 4-54.

On payait donc les pommes de terre fr. 1-78 ou 28 p. c. de plus qu'elles ne valaient.

« Depuis 1845, la disproportion qu'il y a, en Belgique, entre la valeur vénale des pommes de terre et celle du blé, s'est encore accrue. A partir de cette année, jusqu'en 1850, on a en effet payé les 100 kilogrammes de pommes de terre fr. 9-25, tandis qu'en réalité ils ne valaient que fr. 4-95, c'est-à-dire qu'ils ont coûté à peu près le double de leur valeur. Encore admettons-nous ici que, depuis la maladie, les pommes de terre sont aussi nutritives qu'elles l'étaient auparavant, ce qui n'est certes pas exact.

« Depuis 1845, ces tubercules constituent l'un des aliments les plus chers qui puissent se consommer dans notre pays : ils correspondent à du blé payé à raison de 53 francs les 100 kilogrammes, et à de la viande achetée à 95 centimes le kilogr. Ces prix sont excessifs, surtout si l'on considère que la pomme de terre est composée de telle manière que, pour en retirer exclusivement les principes nécessaires à son alimentation, l'homme devrait en absorber une quantité telle que la digestion en deviendrait pour ainsi dire impossible. On ne comprend pas qu'un aliment pareil ait pu conserver, pendant plusieurs années, le prix exorbitant auquel on le paye en Belgique depuis 1845, voire même avant cette époque. Ce fait anormal, qui n'existe au même degré dans aucun autre pays que nous sachions, ne peut s'expliquer que par l'habitude la plus invétérée. »

CHAPITRE IV.

DU TOPINAMBOUR.

§ 1ᵉʳ. — Considérations générales.

Le topinambour est une plante peu connue ou tout au moins très-peu cultivée en Belgique. Lorsque la maladie des pommes de terre fit son invasion sur le continent, plusieurs auteurs proposèrent ce végétal comme succédané au précieux tubercule, mais leurs recommandations ne furent suivies d'aucun résultat. Si l'on en excepte les rares expériences qui ont été tentées dans un but de propagande, on trouverait difficilement, en effet, des plantations assez étendues dans notre pays pour former, par leur ensemble, une culture digne d'être mentionnée. Cette indifférence à l'égard d'un produit que l'on croyait doué de qualités précieuses doit-elle être considérée comme un mal? Oui et non : oui, si l'on persiste à croire que le topinambour ne donne que des récoltes de faible valeur et ne peut être d'aucune utilité dans l'alimentation animale; non, si l'on entend le substituer à la parmentière pour la nourriture de l'homme.

Il est parfaitement constaté aujourd'hui que le topinambour ne peut être admis dans le régime habituel des ménages. L'huile essentielle qu'il renferme lui donne un goût prononcé qui, la première fois qu'on en mange, le fait ressembler à l'arti-

chaut, mais qui ne tarde pas à inspirer de la répugnance. Les populations se feraient difficilement
à ce genre de nourriture ; aussi pensons-nous
qu'on doit y renoncer si tant est qu'on veuille
procurer aux classes laborieuses une somme de
bien-être proportionnée à leurs besoins. Pour l'entretien du bétail, le topinambour ne manque point
de qualités. Outre qu'il fournit une grande abondance de tubercules, même dans les sols médio-
cres, il n'épuise presque pas la terre; il se per-
pétue pendant un grand nombre d'années sur le
même sol en exigeant peu de culture; il ne craint
pas la gelée, et on peut ainsi laisser les produits
en terre et ne les arracher qu'à mesure des besoins; enfin c'est une nourriture à peu près aussi
riche que la pomme de terre. Avec de si grands
avantages, quels sont les inconvénients qui ont pu
nuire à son extension?

Le premier et le principal est, selon nous, la
répugnance qu'éprouvent le plus grand nombre de
cultivateurs à consacrer leurs terrains à des cultures nouvelles dont ils ne sont pas certains de tirer
un parti avantageux. On sait combien il est difficile, en général, de faire admettre dans les assolements les végétaux qui n'y ont encore joué qu'un
rôle secondaire. Les plantes les plus précieuses
restent souvent ainsi délaissées faute de quelques
essais comparatifs, et quand passe la vogue dont
elles ont été nomentanément l'objet, c'est à peine
si l'on daigne les gratifier encore d'un vague sou-
venir.

Un autre inconvénient est la difficulté qu'on a
trouvée à extirper complétement le topinambour
d'un champ dont il était en possession. On conçoit
que si la culture du topinambour était une cul-

ture alterne, et que cette difficulté se représentât tous les deux ou trois ans, elle pourrait être prise en considération; mais si, comme l'exigent les propriétés de cette plante, elle doit former une sole permanente, à long terme, l'embarras diminue beaucoup; et quand on sait qu'il suffit de le remplacer par une récolte fourragère et qu'il ne résiste pas à deux fauchages de sa tige dans l'année, on est complétement rassuré sur cette perpétuité redoutable.

On a regardé aussi comme un désavantage du topinambour le ramollissement rapide du tubercule lorsqu'on le laisse exposé à l'air; mais on ne compte pas que la possibilité d'en faire chaque jour la récolte, à mesure des besoins, sans s'embarrasser de magasins et de silos, est une large compensation, et que d'ailleurs, dans les caves et les silos, il se conserve parfaitement sans se ramollir, et qu'on peut ainsi y garder la provision d'un mois ou deux quand on prévoit des gelées ou des mauvais temps qui s'opposeraient à la récolte journalière.

§ 2. — Sol et culture.

Le topinambour s'accommode de toute espèce de terrains. On le rencontre dans les mauvais sols calcaires, où l'on a souvent tant de peine à créer des moyens de nourriture pour le bétail, comme dans les riches terres d'alluvion. Les terres froides, reposant sur un banc de glaise, les sols crayeux, les landes ou bruyères de l'Ardenne et de la Campine, peuvent également convenir à sa culture. Cependant il en est de cette plante comme de toutes les autres; plus le sol est riche et de bonne qualité, plus aussi il donne de produits : il ne faudrait donc pas conclure de ce qui précède que l'on peut obtenir des récoltes aussi belles dans les terres incultes ou dans les sols stériles que dans les champs où l'on trouve réunis tous les éléments nécessaires à la production.

La culture des topinambours est en général simple et facile, ce végétal étant sous ce rapport l'un des moins exigeants et l'un des plus robustes. Les tubercules se plantent à la charrue, sous raie, comme on le fait pour les pommes de terre. Il faut employer à cet usage des tubercules entiers, petits ou gros ; on les expose à pourrir quand on les divise. Si le terrain est pauvre, il convient de l'engraisser avec du fumier de ferme ou d'autres matières renfermant les mêmes principes ; à la rigueur on peut cependant obtenir des récoltes assez satisfaisantes sur des sols peu riches en engrais, à moins qu'ils ne soient complétement effrités ou qu'ils ne renferment quelque vice de constitution intérieure.

Les topinambours doivent être plantés en lignes plus ou moins espacées, en raison de la qualité plus ou moins bonne du terrain, et distantes en moyenne de 50 centimètres. La plantation peut avoir lieu beaucoup plus tôt que pour les pommes de terre, les tubercules ne craignant pas les gelées ; ainsi, on peut y procéder dès janvier ou février, mais l'époque la plus ordinaire est le mois de mars. On emploie de 15 à 20 hectolitres de tubercules par hectare.

Les soins d'entretien se bornent à un premier binage aussitôt qu'on s'aperçoit que la terre commence à se couvrir de mauvaises herbes ; un fort hersage, au moment où les plantes se montrent hors de terre, produit un très-bon effet. On renouvelle les binages avec la houe à cheval aussi souvent que l'exige l'état du sol, et que le permettent les bras et les animaux disponibles. Lorsque les plantes s'élèvent assez pour commencer à ombrager le sol et à avoir besoin d'être fortifiées, on les butte avec le buttoir à cheval. Il y a généralement de l'avantage à réitérer cette opération tant qu'elle est praticable, et qu'on peut accumuler au pied des tiges de nouvelle terre, parce qu'il s'y développe ordinairement de nouveaux et beaux tubercules. Après ces opérations, dans des terrains favorables, les topinambours forment une espèce de taillis épais, vigoureux et régulier, qui récrée la vue et annonce au cultivateur l'espoir qu'il peut fonder sur une abondante récolte.

La difficulté de la culture du topinambour dans les assolements alternes consiste dans l'impossibilité de recueillir tous ses tubercules, car il y en a de toute grosseur, et le plus petit, de la dimension d'une noisette, pousse plus tard une nouvelle plante. Ces repousses persistantes finissent par devenir une mauvaise herbe pour les cultures qui lui succèdent. Ce n'est qu'après avoir retranché deux ou trois fois ses tiges en pleine végétation qu'on parvient à détruire les racines. Aussi les agronomes les plus distingués conseillent-ils de lui faire succéder une luzerne, un sainfoin ou des vesces mélangées de trèfle. La vesce est coupée au printemps avec les tiges renaissantes du topinambour; ces tiges sont retranchées encore en automne avec la première coupe de trèfle, puis, le printemps suivant, elles finissent par disparaître complétement.

En Alsace, on leur fait succéder des pommes de terre dont les binages détruisent les plantes de topinambours, jamais cependant avec la certitude qu'il n'en repoussera pas l'année suivante. Mais la culture rationnelle de ce tubercule exige qu'elle occupe un clos séparé, dans lequel on prolongera sa durée autant que possible. On cite des cultures de topinambours qui ont duré plus de vingt ans, et leur existence se serait prolongée plus longtemps encore, si l'on n'avait eu des raisons pour les extirper. Avec des soins qu'on lui a refusés jusqu'ici et des fumiers proportionnés à sa conservation, on obtiendrait sa perpétuité. Lorsque le topinambour est placé dans une sole séparée, un labour suivi d'un hersage double est donné chaque année à l'époque de la plantation pour égaliser le terrain bouleversé en hiver par la croissance des tubercules. Avant d'effectuer cette opération, on a eu soin de faire passer sur le champ des hommes qui, avec une bêche, divisent les tiges renversées par les arrachements, de manière que leurs morceaux ne puissent pas entraver la charrue. On distribue le fumier avant de donner le labour.

§ 3. — Récolte et rendement.

La récolte et la manière dont on peut l'opérer sont sans contredit les principaux avantages qui recommandent la culture des topinambours. Non-seulement les tubercules supportent impunément en terre comme hors de terre les plus grands froids de nos hivers, lorsqu'on n'y touche pas au moment de la congélation ; mais ces tubercules augmentent encore de volume en terre lorsque la partie extérieure de la tige ne donne plus aucun signe apparent de végétation. Il y a donc de ce côté avantage à laisser les tubercules en place, à part l'extrême commodité et la grande économie qui résultent de la possibilité d'éviter ainsi une récolte faite subitement en automne, et l'embarras comme la dépense de loger, emmagasiner et conserver pendant l'hiver des produits très-nombreux. Le topinambour peut donc être tiré du sol au fur et à mesure des besoins, et par conséquent il n'exige ni un local spécial, ni des dépenses quelquefois considérables, ni des attentions constantes, pour être serré convenablement et conservé intact jusqu'à son emploi.

Cependant il est prudent, dans la crainte des pluies prolongées, des neiges et des gelées de longue durée, d'en faire, vers la fin de l'automne, une provision suffisante ; il suffit qu'elle soit mise à couvert et à l'abri de l'humidité, car c'est la seule chose que redoute le topinambour, et cette circonstance doit engager à lui laisser passer l'hiver le moins possible dans des terrains qui y sont ordinairement exposés. Douze à quinze jours d'immersion dans l'eau suffisent en effet pour faire pourrir les tubercules, qui exhalent alors l'odeur la plus nauséabonde. Une forte humidité, lorsqu'ils sont hors de terre, suffit également pour les faire noircir et moisir, comme une grande sécheresse les ride et les rapetisse considérablement. Leur amoncellement et leur mélange avec de la paille ou d'autres corps étrangers les font aussi quelquefois germer ou se gâter.

L'extraction des tubercules de la terre s'exécute comme pour la pomme de terre. A l'automne, on doit préalablement faucher les tiges le plus près possible de terre, en choisissant un temps sec ; on les lie en bottes ou fagots et on les met à couvert. Quant au rendement des topinambours, il varie beaucoup en raison des terrains et des soins de culture qu'on lui donne. D'après les expérimentateurs les plus dignes de confiance, on récolterait de 4,000 à 6,000 kilogrammes sur les plus mauvaises terres, 25,000 sur les meilleures et, en moyenne, 20,000 kilogrammes. En Alsace on porte la récolte moyenne à 26,000 kilogr. ; dans les terres fortes et riches, on a eu des produits de 38,000 kilogr.

§ 4. — Usages et valeur.

Les tubercules du topinambour, comme nous l'avons dit plus haut, doivent être affectés exclusivement à la nourriture du bétail. Tous les animaux en sont friands, quoique la première fois qu'on leur en présente, tous ne l'appètent pas ; ce qui a lieu, du reste, à l'égard d'un assez grand nombre de végétaux, sans en excepter la pomme de terre. Cela ne prouve rien de défavorable au topinambour, car lorsqu'ils y sont accoutumés, ils en deviennent avides, qu'il soit cru ou cuit, et s'en gorgeraient si on leur en donnait à satiété. Des essais exacts ont établi, d'ailleurs, que les porcs affectionnent particulièrement le topinambour. Cette racine les engraisse très-bien et leur donne une chair fort délicate ; elle peut donc remplacer la pomme de terre dans l'alimentation de ces animaux.

Lorsque l'on convertit les tubercules en nourriture, il convient de les laver d'abord à grandes eaux, afin de les débarrasser de la terre qui y reste encore ; on les divise ensuite à l'aide du coupe-racines, puis on les administre en tranches. Comme cet aliment n'est pas complet et qu'il est trop aqueux pour être consommé seul, il faut le donner avec une nourriture sèche. M. Boussingault propose la combinaison suivante pour la ration d'une vache :

    Foin. . . . .   7 kil. 5
    Topinambour.   19   »   0
    Paille hachée. . . . .
                                  ———————————
                                   26 kil. 5

Ainsi pendant six mois, de novembre à mars, la moitié des aliments (en valeur nutritive) de la vache peut provenir du topinambour. Celui-ci peut donc entrer dans la combinaison des cultures pour le quart de la nourriture des animaux. Et en supposant ce produit de 25,000 kilogr. par hectare, la consommation d'une vache pendant six mois étant de 3,420 kilogr., on voit que la sole de cette plante devra être de 14 ares à peu près par tète de vache entretenue dans le domaine. Les prairies naturelles et artificielles ne pourraient donner un tel résultat.

Indépendamment des tubercules, le topinambour fournit encore un feuillage qui est recherché par la plupart des bestiaux, et qui peut devenir ainsi une ressource très-précieuse. Ce feuillage peut être coupé vert quelques mois avant la récolte des tubercules, sans que le rendement de ceux-ci en diminue d'une manière sensible. Il est également possible de le convertir en fourrage sec pour l'hiver.

Enfin les tiges du topinambour fortes et assez dures, fournissent un combustible qui n'est point à dédaigner; elles brûlent fort bien lorsqu'elles sont sèches, et sont très-propres à chauffer les fours, et à servir de menu bois de chauffage : cet usage paraît préférable à celui de les convertir en fumier en les faisant servir de litière aux bestiaux ; on s'en est même servi quelquefois pour échalas, pour tuteurs, pour ramer les pois et les haricots, ou pour confectionner des palissades.

CHAPITRE V.

DE LA BETTERAVE.

Les avantages que présente la betterave comme plante alimentaire pour la nourriture des animaux sont maintenant démontrés par la prospérité irrécusable des nombreuses exploitations où l'on se livre à l'élève et à l'engraissement du bétail à l'aide de cette précieuse racine. C'est seulement depuis une dizaine d'années que la betterave a pris une place sérieuse dans les assolements. Avant cette époque on ne la cultivait que comme accessoire pour l'alimentation des jeunes élèves ou pour la nourriture des bêtes malades, et encore ne la rencontrait-on que dans les jardins potagers ou dans quelque partie restreinte de l'un ou l'autre enclos avoisinant la ferme. Aujourd'hui tout cela a changé ; on sème en ce moment la betterave comme on semait autrefois les navets de jachère, et l'on ne craint plus de lui confier des surfaces de terre considérables.

Nous avons trop longuement discuté dans le *chapitre premier* de ce volume les conséquences favorables qu'a produites et qu'est destinée à avoir encore ultérieurement sur le progrès de l'agriculture la transformation des idées à cet égard, pour qu'il soit nécessaire d'y revenir par de nouvelles considérations générales. Nous nous contenterons donc de faire remarquer que si la betterave a réussi en si peu de temps à vaincre les nombreux obstacles qui s'opposaient à son extension dans la culture habituelle des hommes qu'on est convenu d'appeler les *vrais praticiens,* c'est qu'on lui a reconnu des qualités spéciales très-précieuses. Cette plante, en effet, donne des produits plus abondants, exige des travaux moins coûteux et a moins à souffrir des attaques des insectes que les autres racines ; elle peut, en outre, se consommer crue sans inconvénient et se conserve facilement et longtemps en magasin ; il n'en est pas de même des pommes de terre et des navets, qui entrent de bonne heure en végétation à une époque où la betterave peut encore offrir pendant plusieurs mois de la nourriture fraîche aux animaux de la ferme. Au reste, il serait superflu de pousser plus loin cette énumération : l'étude qui va suivre nous fournira l'occasion d'indiquer tous les avantages que semble offrir la plante dont il s'agit.

§ 1ᵉʳ. — Variétés.

On ne saurait déterminer d'une manière précise le nombre des variétés de betteraves qui sont admises dans la grande culture ; ces racines se présentant sous des formes et des couleurs tout à fait différentes. Cependant il en est deux qui occupent les extrêmes et dont on aperçoit aisément les caractères ; ce sont : la betterave d'un rouge très-foncé, que l'on cultive depuis longtemps dans les jardins légumiers, et la betterave blanche dite de Silésie, dont on fait généralement usage aujourd'hui pour la fabrication du sucre. De ces deux espèces sont nées

celles que nous désignons sous les noms de betterave champêtre ou de disette, betterave jaune, betterave jaune globe veinée de rouge, dite de Riga. Ordinairement la couleur de la racine est en rapport
avec celle des côtes de la feuille, qui sont tantôt
rouges, tantôt blanches et tantôt jaunâtres. De
toutes ces variétés, la betterave champêtre à chair
veinée de blanc et de rose, peau rouge, est celle qui
nous paraît le mieux convenir à la grande culture
pour la nourriture des bestiaux. Elle est, à nos
yeux, préférable à toute autre, non pas à cause de
ses propriétés nutritives, mais parce qu'elle a la
faculté de pousser hors de terre et qu'elle peut
ainsi acquérir un développement plus considérable
dans les sols peu profonds. Il existe même une
sous-variété qui sort presque entièrement de terre,
à laquelle elle ne tient que par les radicules inférieures ; nous l'avons fréquemment rencontrée dans
les Flandres et la province de Hainaut, où on l'estime beaucoup à cause de la facilité de sa récolte.

D'après MM. de Dombasle et Girardin, la betterave blanche de Silésie serait plus productive que
les autres, tant en poids qu'en principes nutritifs.
Il nous manque en Belgique des expériences comparatives qui puissent permettre de vérifier cette
assertion. Cependant les observations faites récemment à l'école d'agriculture de Thourout, ainsi que
dans les environs de Leuze, paraissent confirmer
cette opinion. Nous en dirons autant de la betterave
jaune d'Allemagne, à racine sphérique, qui est
très-recherchée par quelques cultivateurs et dont
M. Vilmorin semble recommander la propagation.

§ 2. — **Terrain et engrais.**

Contrairement à l'opinion d'un grand nombre de praticiens, qui ont cherché à établir que la culture de la betterave est difficile, dispendieuse et exige une terre portée à son plus haut degré de fertilité, nous avons acquis la certitude que tous les sols lui conviennent pour autant qu'ils ne soient pas trop secs et qu'ils aient de la profondeur. Sans doute, cette plante gagne un volume bien plus considérable dans un terrain qui réunit à une juste proportion d'argile la quantité voulue de sable, de principes calcaires et de substances nutritives; mais on ne peut conclure de là que de grandes difficultés doivent être surmontées pour l'obtenir dans d'autres conditions. Il est fort peu de terres, dans notre pays, où la betterave ne puisse être cultivée avec succès; nous l'avons vue réussir dans presque toutes les contrées de la Belgique, dans la province de Luxembourg comme dans les meilleures terres du Brabant, de la Hesbaie ou de la province de Hainaut.

Les sols qui conviennent le mieux à la culture de cette racine sont ceux qui possèdent une proportion suffisante d'argile, qui ont de la profondeur et une certaine ténacité. Dans des terres de ce genre, elle prospère toujours et acquiert en outre plus de consistance. Là où le sol est sablonneux et froid, elle reste petite, à moins que la saison ne soit très-pluvieuse, et, dans ce cas, elle devient aqueuse, puis difficile à conserver. La même chose arrive lorsque la couche arable est naturellement humide; on n'obtient alors que des produits chétifs et de mauvaise qualité. On doit donc éviter, d'une part, les terres sablonneuses, sèches et légères; de l'autre, les champs affectés d'une humidité surabondante : ce sont les pires ennemis de la betterave.

Pour atteindre une grosseur satisfaisante, la betterave exige une terre naturellement riche et fertilisée par des engrais de ferme. Peu importe, du reste, que la fumure ait eu lieu directement pour elle ou qu'on l'ait appliquée à la récolte précédente : dès que la couche arable renferme des éléments de fécondité en proportion suffisante, on est à peu près sûr d'obtenir une végétation vigoureuse. Ce n'est pas cependant que la betterave doive être rangée parmi les plantes épuisantes; elle exige sans doute, comme l'a démontré l'expérience, une forte avance d'engrais, mais elle n'en emprunte qu'une faible quantité. En d'autres termes, elle veut être cultivée sur des terres en très-bon état, mais elle les appauvrit très-peu, surtout si on abondonne les feuilles à la couche arable. Quant à la proportion de l'engrais, elle est la même que si l'on voulait immédiatement confier le froment au sol. A moins que la terre ne soit épuisée, cette fumure ne sera pas absorbée par les betteraves, et son influence, jointe au bénéfice des préparations que le terrain va recevoir pendant le cours de la végétation, donnera, l'année suivante, un grain aussi beau et aussi productif et toujours plus propre que s'il avait suivi l'engrais.

Le fumier de ferme n'est pas le seul engrais dont on puisse faire usage pour la betterave; on emploie encore avec avantage une foule d'autres substances, telles que gadoue, urines, tourteaux de colza, guano, etc. Quand le terrain emblavé n'est pas doué d'une grande richesse, l'urine ou purin des citernes et le guano sont des auxiliaires précieux dont on ne doit jamais manquer de tirer parti lorsqu'on a ces substances à sa disposition. Ce sont là des agents d'une grande puissance et qui, par leur action immédiate, produisent les meilleurs effets sur la végétation. Le purin s'emploie au pied des jeunes plantes par un temps humide ou couvert; quant au guano, on le répand en même temps que la graine, comme cela sera indiqué plus loin, au moment où s'effectue la semaille.

§ 3. — Place dans les assolements.

Les betteraves s'alternent très-convenablement avec la plupart des plantes qui sont admises dans la grande culture. On peut sans inconvénient les faire précéder ou les faire suivre de céréales, de fourrages et de végétaux à base oléagineuse. Cependant, comme cette racine exige pendant sa croissance des sarclages qui purgent la terre des mauvaises herbes, il est toujours avantageux de la faire venir entre deux récoltes salissantes. Quand on cultive la betterave sur une grande échelle, c'est généralement par elle que l'on ouvre l'assolement; on lui applique alors les engrais et on la fait suivre de froment d'hiver. Ce système produit d'excellents résultats partout où les racines peuvent se récolter avant la mi-octobre, et où le grain d'automne ne paraît pas souffrir d'une semaille tardive. Dans les contrées où le climat s'oppose à ce que la terre puisse être dépouillée de ses produits de bonne heure, cette combinaison deviendrait tout à fait pernicieuse; car, indépendamment de la perte que l'on éprouverait sur le poids de la récolte en arrachant les racines avant leur maturité, on rencontrerait encore ce grave inconvénient de devoir procéder aux semis de céréales lorsque la bonne saison est déjà passée, et l'on s'exposerait ainsi à n'obtenir en grain qu'un rendement très-médiocre. Avant de déterminer la place que doit occuper la betterave dans l'assolement, il importe donc de s'assurer si l'époque de la récolte coïncide avec celle des semis d'automne; c'est là le point essentiel. Si l'on juge que les racines ont encore beaucoup à grossir au moment où doit s'effectuer la semaille du froment, si l'on croit enfin qu'il y a du danger à retarder cette semaille pour favoriser le développement du produit qu'elle doit remplacer, il ne faut pas hésiter alors à substituer les marsages aux céréales d'hiver. Cette modification peut être réalisée par différents moyens; en voici un que nous donnons sous forme d'exemple, dans la supposition qu'il s'agisse d'un assolement de six ans : 1re année, froment ou seigle fumé; 2e année, betteraves; 3e année, orge d'été avec trèfle; 4e année, trèfle; 5e année, froment; 6e année, avoine. Mentionnons, pour finir, que des expériences récentes ont fait reconnaître la possibilité de cultiver la betterave en récolte dérobée comme culture intercalaire : nous ne ferons que signaler ici cette heureuse innovation, notre but étant d'y revenir plus loin dans un paragraphe spécial.

§ 4. — **Préparation du sol**.

Pour qu'une terre soit favorablement disposée à la production des plantes-racines, il faut qu'elle réunisse à la fois les conditions de profondeur et d'ameublissement. Dans un sol qui a une couche arable de peu d'épaisseur et dont le sous-sol est dur ou imperméable, la betterave reste rabougrie et ne parvient à acquérir qu'un faible volume. C'est donc ici le cas ou jamais de chercher à augmenter, par des défoncements bien exécutés, la profondeur de la couche cultivable.

Ainsi que nous avons eu lieu de le démontrer antérieurement, les labours profonds doivent toujours être pratiqués avant l'hiver. Si le terrain est de très-bonne qualité et que l'on possède beaucoup d'engrais, il n'y a nul inconvénient de ramener à la surface quelques pouces de terre vierge en se servant d'une charrue énergique. Dans le cas contraire, il vaut mieux faire passer la charrue sous-sol dans le sillon tracé par la charrue ordinaire, afin de ne pas mettre au jour des parties de terre non désagrégées ou nuisibles à la végétation. Par ce dernier système on peut facilement, si on le désire, engraisser le terrain en automne sans s'exposer à enfouir le fumier trop profondément. Voici comment l'on procède : le sol ayant été déchaumé et hersé à l'arrière-saison, on répand l'engrais à la surface; on y met ensuite la charrue à labours ordinaires à laquelle on fait trancher une bande de six à huit pouces de profondeur, selon la nature du terrain; vient en dernier lieu la charrue sous-sol, que l'on place dans le sillon creusé par l'instrument précédent et qui a pour objet d'ameublir les couches de terre inférieures. Dès que cette dernière machine a fonctionné, des femmes ou des enfants armés de fourches suivent l'attirail et tirent dans la raie une partie du fumier qui se trouve à la portée de leur instrument. La charrue ordinaire vient ensuite recouvrir l'engrais, et celui-ci se trouve ainsi placé à une profondeur convenable entre la terre vierge et la couche arable. La seule précaution qu'il y ait à prendre dans l'exécution de cette manœuvre, c'est de faire suivre de très-près la charrue à labours ordinaires par la charrue sous-sol. De la sorte, les personnes chargées de disposer l'engrais dans le sillon ont tout l'espace qui leur est nécessaire et peuvent regagner le temps perdu, sans arrêter la marche des attelages, dans le cas où leurs opérations seraient interrompues par un obstacle quelconque.

Le champ, traité comme nous venons de le dire, reste dans cet état jusqu'à la sortie de l'hiver. Les gelées achèvent de diviser les mottes et finissent par tasser le terrain sans lui donner de la cohérence. Au printemps, dès que la surface est suffisamment desséchée, c'est-à-dire lorsque la terre peut recevoir l'action des instruments sans se réduire en pâte, on lui donne un second labour si elle est de forte consistance, ou un coup d'extirpateur si l'on a simplement affaire à un sol de nature légère. On fait ensuite passer alternativement la herse et le rouleau quand on suppose que le moment des semailles est arrivé ; puis, lorsque la surface est suffisamment pulvérisée, on procède immédiatement à la distribution des graines. Le roulage est une opération essentielle dans la culture des betteraves : on ne doit jamais craindre, lorsque la terre est convenablement ressuyée, de tasser trop fortement le sol. Il est même bon d'employer pour cette circonstance des rouleaux d'un grand poids, afin de faire disparaître les vides que peuvent avoir laissés dans le sol les cultures préparatoires ; car si les plantes à racines pivotantes se plaisent dans les champs bien ameublis, par contre elles redoutent les terrains où il existe encore des creux. Nous avons vu maintes fois des cultivateurs ne récolter que de chétifs produits sur des terres très-riches, faute de n'avoir point pris la précaution qui vient d'être signalée.

Deux procédés différents sont employés pour la culture de la betterave. On sème à demeure, c'est-à-dire sur les terres mêmes où les racines doivent se développer et mûrir; ou bien on sème en pépinière pour repiquer ensuite les jeunes plantes. Nous allons examiner séparément ces deux méthodes, afin d'avoir une idée exacte de leur importance relative.

§ 5. — Semis à demeure.

L'époque la plus convenable pour effectuer les semis de betteraves est celle où la terre, déjà échauffée par le soleil, renferme encore assez d'humidité pour favoriser la germination et hâter le développement des végétaux. Comme les gelées tardives peuvent détruire les jeunes plantes, alors qu'elles commencent à se montrer à la surface, on attend, pour répandre la graine, que les froids ne soient plus à redouter. Il ne faut pas cependant retarder l'ensemencement sans motifs sérieux, car une perte de 15 à 20 jours a souvent pour résultat de diminuer sensiblement la récolte en empêchant la végétation d'acquérir la force et la vigueur nécessaires pour résister aux sécheresses de l'été. Le moment le plus favorable paraît être, en Belgique, vers le milieu ou dans la dernière quinzaine d'avril. Cette époque sera un peu avancée pour les sols légers, et reculée, au contraire, pour les terrains compactes et humides.

Les semailles se font généralement d'après plusieurs méthodes, mais elles sont loin d'être toutes également avantageuses. Celles qui s'exécutent à la volée, par exemple, sont de beaucoup inférieures aux autres sous une foule de rapports et ne méritent plus aujourd'hui les honneurs de la moindre mention : aussi n'en parlerons-nous ici que d'une manière incidente. Les seuls procédés sur lesquels puissent se fixer sérieusement l'attention des cultivateurs sont ceux qui consistent à disposer la graine en rayons équidistants. Mais ici encore on se trouve en présence d'une subdivision. On peut en effet répandre la semence en lignes par trois modes différents : à la main, au semoir et au plantoir mécanique.

Les semailles à la main s'exécutent ordinairement à l'aide du cordeau, soit que l'on distribue la graine dans une petite rainure pratiquée à la surface du sol, soit qu'on la place dans les trous formés au moyen d'un plantoir ordinaire. Ce système présente beaucoup d'inconvénients sans offrir en compensation de bien grands avantages. Outre qu'il est plus lent, plus difficile et plus coûteux que les autres, il a encore le défaut d'être inférieur quant aux résultats qu'on en obtient. Cependant comme les petits cultivateurs sont souvent obligés d'y avoir recours à défaut de machine spéciale, il nous a paru utile de faire connaître les meilleurs procédés à mettre en usage. Voici la méthode suivie avec le plus de succès : on sème en lignes le long d'une corde tendue et espacée, puis on dépose la semence, deux ou trois graines à la fois, dans de petits enfoncements d'environ un pouce de profondeur, faits à la main et que l'on remplit, soit avec la terre qui a été tirée de l'enfoncement suivant, soit en y poussant de la terre avec les pieds si la surface est parfaitement meuble. De cette manière la germination s'opère promptement, et les betteraves ne sont point devancées par les mauvaises herbes. On peut aussi employer un instrument qui fasse plusieurs trous à la fois sur la ligne. Cet instrument ne sera autre chose qu'un liteau de bois dur et de dimension un peu forte, auquel on aura implanté des chevilles pointues, au nombre qu'on jugera convenable; un bâton ou manche servira à manier cet instrument, à le diriger et à l'enlever de terre, après que l'ouvrier qui s'en sert l'aura enfoncé avec les pieds. En plantant cet instrument en terre, le long d'un cordeau tendu à des espaces égaux et parallèles, on obtiendra un semis régulier. On recouvrira la graine, c'est-à-dire qu'on remplira les trous avec un râteau, ou avec une pièce de bois qu'on traînera sur le sol. En considération des motifs énumérés plus haut, la lutte reste donc établie entre le semoir et le plantoir mécanique, ce qui nous engage à indiquer en détail l'action et les principaux usages de chacun de ces instruments. Comme les observations qui vont être émises ici à propos de la betterave doivent s'appliquer à toutes les autres plantes dont il sera ultérieurement question dans le cours de cet ouvrage, le lecteur voudra bien ne point s'étonner de l'étendue que nous allons leur consacrer.

A. *Semailles effectuées à l'aide du semoir.*—Les terrains sur lesquels on veut déposer la graine à l'aide de cet instrument doivent être convenablement pulvérisés et recevoir, comme dernière opération de culture, un roulage énergique. On obtient ainsi des semailles plus régulières et la levée des plants est mieux assurée. Les semoirs sont construits d'après différents systèmes et peuvent, par ce motif, offrir plus ou moins d'avantages suivant les circonstances où l'on se trouve placé. Ainsi, quand on ne cultive que dix ou douze hectares de plantes-racines, il est préférable d'employer le semoir à bras ou semoir-brouette que celui qui est traîné par des chevaux, on évite par là des frais d'acquisition assez importants et l'on se met à l'abri des obstacles que fait toujours naître l'usage des machines compliquées. Lorsque la production des betteraves, des carottes ou des navets se fait sur une échelle plus étendue, il faut alors avoir recours au semoir à cheval; sans cette précaution on s'exposerait à ne pouvoir exécuter les semis en temps opportun, d'où résulterait une perte réelle pour la récolte.

Parmi les semoirs-brouettes que l'on utilise dans la grande culture, il en est dont la construction satisfait à toutes les exigences. Celui qui est représenté par la figure suivante, nous paraît réunir beaucoup de qualités qu'on ne rencontre pas dans

Fig. 7.

les autres machines du même genre. Ce petit appareil a été inventé en Écosse et se construit actuellement dans les ateliers de Haine-Saint-Pierre. Outre qu'il est simple, peu coûteux et facile à manier, on rencontre encore en lui la propriété de convenir à toutes espèces de grains. A la vérité, il exige l'intervention d'un rayonneur pour tracer les lignes où doit être répandue la semence, mais la présence de cet instrument n'est pas un mal si l'on en juge par le passage suivant que nous extrayons du *Traité élémentaire des instruments aratoires*, publié dans la *Bibliothèque rurale* :

« La combinaison des rayonneurs avec les semoirs, dit l'auteur de ce travail, présente des avantages incontestables ; d'abord elle permet aux machines destinées à la sémination, de fonctionner dans les sols contenant encore beaucoup de mottes, tandis que celles qui rayonnent et répandent la graine à la fois, ne peuvent marcher convenablement que dans les terres parfaitement préparées, et dont la surface est unie ; ensuite les lignes étant beaucoup mieux tracées et placées à des distances plus égales, le sarclage à la houe coûte moins et peut être effectué avec plus de soins. »

Quant au semoir à cheval, le seul dont on puisse recommander l'usage, c'est celui à palerons, système écossais, qui a été perfectionné par M. Claes de Lembecq. De la manière dont cet instrument est construit, il peut être utilisé pour les céréales comme pour les autres graines que l'on sème en rayons.

Les agriculteurs qui voudraient obtenir des renseignements plus complets sur l'utilité, le rôle et le maniement de ce semoir, feront bien, au reste, de recourir au *Traité des instruments* dont nous venons de rapporter quelques fragments ; ils trouveront là tous les détails et toutes les explications désirables.

Quel que soit le genre de semoir auquel on accorde la préférence pour exécuter les semis de betteraves, la quantité de graines à répandre ne doit jamais être moindre de dix à douze kilogrammes par hectare. Au premier coup d'œil cette proportion paraîtra exorbitante, mais l'expérience a prouvé qu'il y aurait de graves inconvénients à la réduire. Mieux vaut devoir arracher plus de plantes superflues que de trouver, à l'époque où se font les éclaircissements, des lignes dégarnies ou des espaces dépourvus de végétation (1).

B. *Semailles faites au moyen du plantoir mécanique.* — Pour bien faire comprendre l'importance de ce système, il sera nécessaire que nous indiquions en détail toutes les particularités qui s'y rattachent.

Les avantages immenses auxquels donne lieu l'emploi de la méthode nouvelle, compenseront et au delà le temps que mettra le lecteur à en faire une étude spéciale. Inutile, du reste, de pousser plus loin ce préambule ; les lignes qui précèdent suffisent amplement, ce semble, pour justifier les développements dans lesquels nous allons entrer.

Le plantoir mécanique, inventé en 1850 par le directeur de l'école agricole de Thourout, et breveté en sa faveur par arrêté royal du 31 décembre 1851, a pour but d'effectuer la semaille de diverses espèces de graines, mais particulièrement des betteraves, des carottes, des navets et du colza en carrés, de telle sorte que les jeunes plantes présentent à leur sortie de terre des lignes régulières dans toutes les directions. Il sert aussi à répandre sur le sol, en même temps que la semence, la plupart des engrais pulvérulents, employés aujourd'hui avec le plus de succès, comme le guano, les tourteaux, la suie, les os réduits en poudre, les cendres de bois ou de mer, etc.

---

(1) On trouvera au § 8, page 152 tous les détails nécessaires sur la distance à laquelle doivent être placées les lignes.

Déjà, en 1851, on a fait usage du plantoir mécanique pour ensemencer en racines et en colza des étendues de terre assez considérables. Au printemps de 1852, un grand nombre de propriétaires et de cultivateurs ont voulu confirmer par leurs propres expériences les résultats extraordinaires qui avaient été obtenus des premiers essais. Ces expériences, comme on le verra plus loin par les attestations de personnes compétentes, ont complétement répondu à l'attente publique, et placent définitivement l'appareil dont il s'agit au rang des machines les plus utiles et les plus remarquables qui aient été inventées depuis que l'agriculture est en progrès.

Avant de donner la description et les dessins de l'instrument qui paraît appelé à modifier les méthodes d'après lesquelles se fait actuellement la culture des racines, nous allons spécifier brièvement les qualités qui le distinguent. Voici en résumé les principales conditions auxquelles il satisfait :

1° Il assure d'abord la levée de la quantité de plantes voulues, car la semence étant déposée de distance en distance en bouquets de cinq, six ou sept graines, la terre reste toujours suffisamment garnie, même lorsque le temps est venu contrarier la germination. Mais cette germination est mieux assurée par le semis au plantoir que par toute autre méthode. A l'aide de ce système, en effet, les graines sont toutes placées à la même profondeur, condition essentielle à laquelle on ne peut satisfaire entièrement quand on effectue la semaille à la main ou avec le semoir. Le plantoir donne en outre la certitude que le dosage des graines, ne pouvant subir aucune influence extérieure, est tou jours beaucoup plus parfait et plus régulier qu'on ne le voit ordinairement. Avec le système des semis actuellement en usage, on subordonne, en effet, cette opération capitale, soit à la bonne ou à la mauvaise volonté, soit à la plus ou moins grande aptitude de ceux qui l'exécutent. A l'aide du plantoir, cet inconvénient disparaît, car les ouvriers ne peuvent répandre ni plus ni moins de semence que la quantité déterminée par celui qui monte préalablement l'appareil.

2° Il permet de diminuer d'un quart, d'un tiers ou de moitié, suivant les espèces, la proportion de graine employée à l'ensemencement d'une surface de terre donnée. On comprendra aisément comment se réalise cette économie, si l'on réfléchit à ce fait que le semoir dépose la graine sur toute la longueur des lignes, tandis que le plantoir ne la place que de distance en distance.

3° Il réduit les frais occasionnés par l'éclaircissement définitif de la végétation. Les plantes superflues se présentent, comme on sait, en très-grande abondance et sur toute la ligne lorsque la graine est répandue avec le semoir. La semaille en carré, au contraire, donne des plantes qui croissent naturellement en place, et qui se trouvent presque entièrement espacées sans l'intervention d'aucune main-d'œuvre supplémentaire : de là une nouvelle économie.

4° Il permet d'exécuter les sarclages, d'ameublir le sol et de butter les plantes d'une manière si parfaite que le travail à la main se trouve surpassé non pas seulement en ce qui concerne la promptitude et l'économie de l'exécution, mais encore quant aux effets qu'il produit sur le rendement des récoltes. Les résultats remarquables que l'on obtient à l'aide du rayonneur-sarcloir, dont il sera parlé plus loin, dispensent de tout détail à ce sujet. Mentionnons seulement que la culture en carrés permet de faire fonctionner cette machine dans les deux sens, c'est-à-dire en long et en large du champ, que l'on peut ainsi sarcler et biner plus d'un hectare de terre par jour avec un seul homme, et que tous les sarclages à la main ou les binages à la petite houe deviennent par le fait complétement inutiles.

5° Enfin, il procure encore au sol les matières fertilisantes qui lui manquent ou que le fumier ne renferme pas en assez grande quantité : nous voulons parler des agents actifs qui sont sans cesse enlevés de l'exploitation par les céréales, le bétail, etc., et dont le guano, les tourteaux, la suie et d'autres substances analogues recèlent la présence en proportion considérable. Ces engrais étant, par un mécanisme ingénieux, déposés tout autour des graines, se trouvent dans les meilleures conditions pour agir d'une manière efficace. Comme les substances pulvérulentes fortement azotées ne produisent guère d'action que pendant une seule année, on comprend, en effet, tout l'avantage qu'il peut y avoir à les mettre directement à la portée des racines. L'expérience a démontré que 120 kilogrammes de guano ainsi disséminés autour de la graine favorisent plus la végétation que 280 à 300 kilogrammes du même engrais semé à la volée. Il résulte de là qu'avec une dépense relativement faible, on parvient à faire acquérir aux plantes, dès leur plus tendre jeunesse, une vigueur et une force qui leur permettent de résister aux influences pernicieuses de la saison.

Les semis au plantoir sont moins expéditifs que

ceux dont l'exécution se fait à l'aide des semoirs à brouette ou à cheval, mais ils s'effectuent plus promptement que les semis à la main. Avec sept personnes (hommes, femmes et enfants) et trois plantoirs, on peut ensemencer, graines et engrais compris, un hectare de betteraves par jour : c'est une dépense d'environ huit francs par hectare, mais une dépense qui est compensée par l'économie que ces instruments permettent de réaliser sur la graine.

Description du plantoir mécanique. — L'appareil se compose de deux pièces distinctes : l'une appelée *emporte-pièce*, l'autre désignée sous le nom de *plantoir* proprement dit :

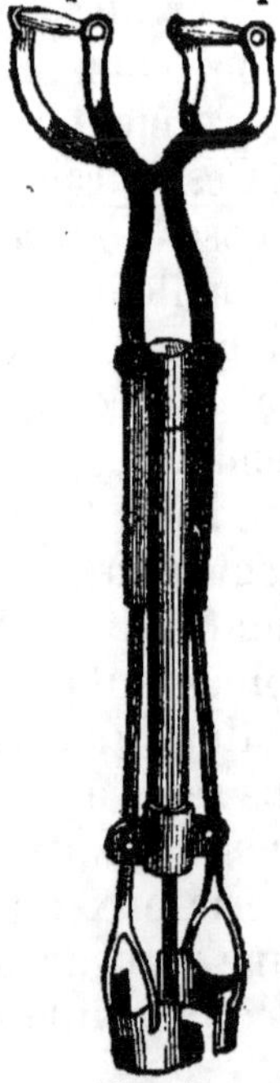

L'emporte-pièce, dont la figure ci-jointe représente l'élévation en perspective, est formé d'un support sur lequel reposent deux tringles terminées chacune par une *manotte*. Ces tringles, qui sont fixées au moyen de charnières, où elles jouent quand on leur imprime un mouvement de va-et-vient, commandent les tiges au bout desquelles sont fixées deux lames. Celles-ci s'éloignent ou se rapprochent du centre selon le genre de pression que l'on exerce sur les *manottes*. Une platine en fer, maintenue au moyen d'une petite tige, occupe l'espace réservé entre les lames et remonte, par l'effet de la pression exercée sur le sol, vers la partie inférieure du support dans lequel se trouve caché un ressort.

Fig. 8.

Voici maintenant ce qui se passe quand on fait fonctionner l'emporte-pièce. En appuyant de haut en bas sur les manottes, les deux lames entrent en terre et la platine remonte en proportion de la profondeur à laquelle celles-ci pénètrent. Lorsque ce premier mouvement est opéré, on rapproche les deux manottes l'une contre l'autre par une pression horizontale ; les lames compriment ainsi la terre qu'elles embrassent, et celle-ci peut alors être soulevée sans difficulté par l'instrument : il reste un trou rond d'environ 30 centimètres de circonférence. Dès que la portion de terre qu'il s'agissait de déplacer est enlevée, on éloigne de nouveau les manottes l'une de l'autre pour faire reprendre aux lames leur position primitive, et la platine rejette spontanément de l'appareil la terre qui s'y trouvait pressée.

Le plantoir proprement dit, que la figure suivante représente également en détail, se compose d'un cylindre en fer-blanc, divisé à l'intérieur en deux compartiments dont l'un est destiné à recevoir la graine et l'autre les engrais pulvérulents. Chacun de ces compartiments prend à sa partie inférieure une forme conique, et ils se trouvent reliés par deux petits tubes en cuivre où tombent les graines et les engrais. Une tringle en fer, surmontée d'une manotte, est fixée sur le cylindre au moyen d'un support à charnière. Cette tringle se divise en deux branches qui commandent les platines par lesquelles sont traversés les tubes de cuivre. Les platines dont il s'agit sont percées chacune d'un trou, et ces trous sont disposés de telle sorte qu'ils ne peuvent jamais correspondre en même temps avec le centre de chaque tube. Quand l'un des trous y laisse entrer la graine ou l'engrais, l'autre en est éloigné et la platine empêche leur sortie. Si la tringle donne un mouvement inverse et que la sortie de la se-

mence ou des engrais ait lieu par l'ouverture pratiquée aux platines inférieures, on peut être certain

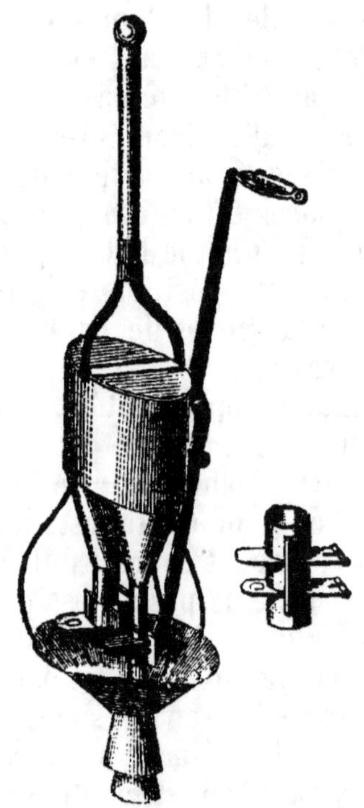

Fig. 9.

que le passage des objets à répandre sur le sol est
intercepté par les platines supérieures. Le dosage
de la graine et des matières fertilisantes est donc
chaque fois compris dans l'espace qui sépare les
platines entre elles à chacun des tubes, et l'on comprend combien cette disposition tend à le rendre
uniforme, régulier. La semence et l'engrais, une
fois sortis des tubes où ils s'étaient arrêtés, conti-

nuent leur parcours et vont se déposer à la place qu'ils doivent occuper. Ainsi, par le seul mouvement de va-et-vient, c'est-à-dire en pressant la manotte contre le cylindre et en la retirant à soi, on force l'appareil à déposer simultanément la graine et l'engrais dans les proportions que l'on désire obtenir pour la réussite des semis.

Description du rayonneur-sarcloir. — Le rayonneur-sarcloir (1) est employé à plusieurs usages. Il sert d'abord à rayonner le sol ou, en d'autres termes, à y tracer des lignes pour la culture des plantes qu'on veut semer soit à la main ou au semoir, soit à l'aide du plantoir mécanique. On l'utilise aussi pour sarcler, biner et butter les plantes disposées en allées ou en carrés.

Cette machine, que l'on traîne à bras d'homme et dont les figures suivantes représentent, les différents organes, se compose de trois parties essentielles : la *brouette*, le *rayonneur*, et la *houe à ressort*. La *brouette*, représentée par les fig. 10 et 11, est formée de deux mancherons *A* et de deux ages *B*, qui reposent sur une roue *C* au moyen d'un boulon *D* servant d'essieu. Ces deux ages sont réunis ensemble aux points *E* et *F* par des tiges transversales en fer et portent à leur extrémité inférieure des mancherons mobiles.

La *houe à ressorts*, rendue distincte à la fig. 11, se compose d'une pièce en bois *H* garnie en dessous et en dessus d'une tôle en fer. Cette houe peut s'enlever de la brouette quand on le désire. Comme elle est représentée aux fig. 10 et 11, elle est fixée à la brouette au moyen de deux clefs à vis *U* et *T*. Huit mortaises munies de ressorts sont percées

____

(1) Instrument breveté en Belgique, en France, en Allemagne, en Prusse, etc.

dans cette houe. Ces mortaises sont destinées à recevoir des dents, des couteaux et un soc.

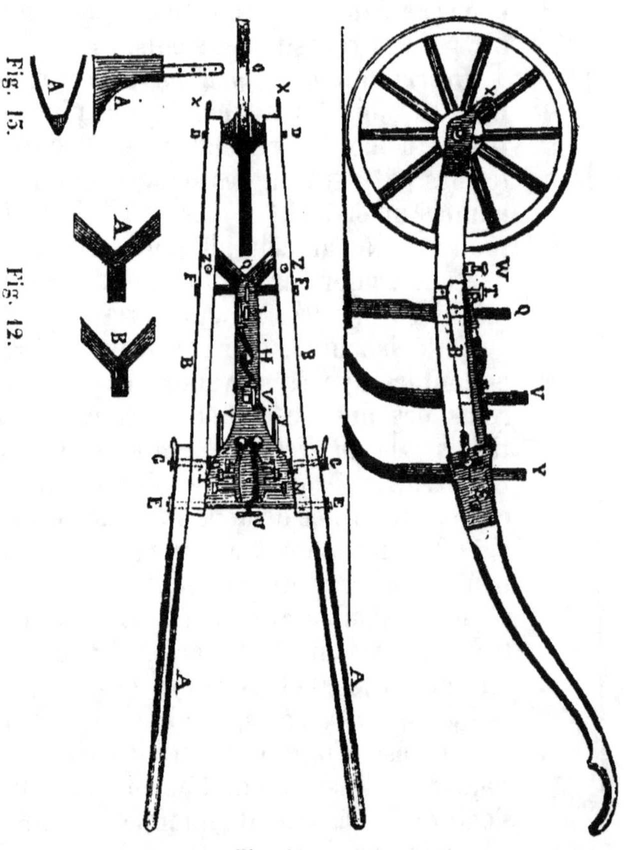

Fig. 11.   Fig. 10.

Quand il s'agit de sarcler et de biner en même temps, on monte l'instrument tel qu'on le voit aux fig. 10 et 11. On place un des couteaux, qui sont de diverses grandeurs, à la mortaise *I* (fig. 11) une dent en *J* et deux autres dents soit aux mortaises *L* et *O*, si les interlignes sont de largeur moyenne, soit aux mortaises *MP*, si les lignes sont plus larges, soit enfin aux mortaises *KN*, si elles sont étroites. Dans le premier cas, on se sert du couteau *A* (fig. 12); dans le second cas, on emploie le couteau *Q* (fig. 11), et dans le troisième cas, on utilise le couteau *B* (fig. 12). On voit d'après cela, que le choix des mortaises postérieures pour le placement des dents, ainsi que le choix des couteaux, dépend toujours de l'espacement des lignes.

Quant au binage profond, il s'effectue sans couteau. On enlève donc, pour cette opération, celui qui est placé à la mortaise *I* (fig. 11), et les dents se fixent comme il a été dit plus haut, suivant l'espace qui existe entre les lignes.

Enfin lorsqu'il s'agit de butter, on remplace les dents et les couteaux par le soc représenté en *A* (fig. 13), soc que l'on place à la mortaise *J* (fig. 11). Quand on n'exécute qu'un sarclage et un binage superficiels, une seule personne suffit pour faire marcher l'instrument. Il en est de même lorsqu'on sillonne le terrain avec les rayonneurs. Si l'on butte et si l'on bine profondément et que le terrain soit plus ou moins résistant, une seconde personne est nécessaire pour traîner l'appareil.

Le *rayonneur*, représenté à la fig. 14, se compose : 1° d'une pièce carrée en bois *A*, garnie d'une bande de fer; 2° de cinq dents en fer, servant à sillonner le terrain et à tracer trois lignes à la fois, les deux dents de côté n'ayant pour objet que de guider la marche de l'instrument. Chacune de ces dents est garnie d'une douille *B* qu'on peut faire circuler le long de la pièce de bois *A*, à laquelle elles sont fixées au moyen de clefs à vis *C*. Cette

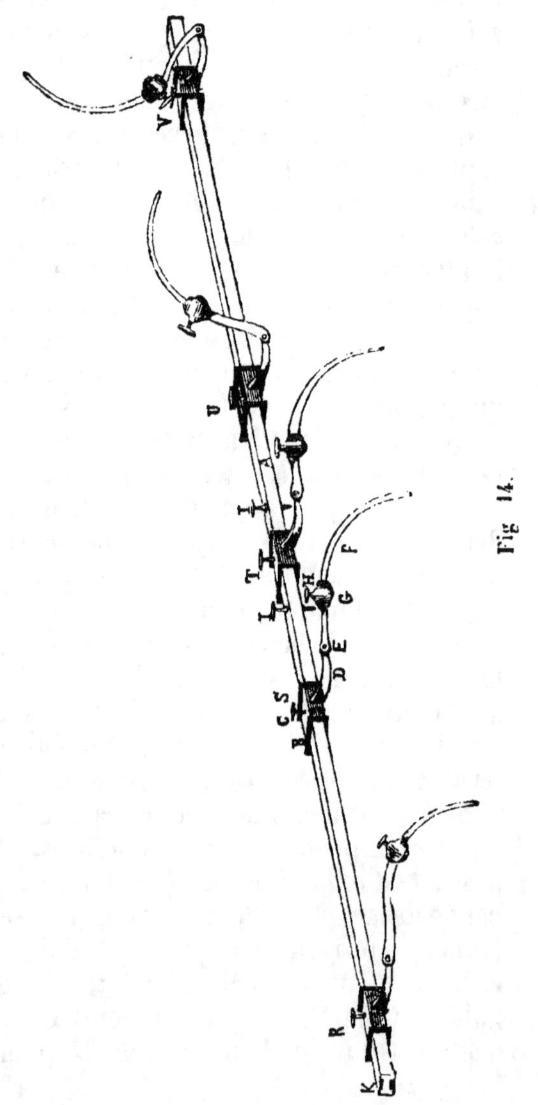

Fig. 14.

douille est brasée sur une petite pièce en fer **D**, qui est fixée par une charnière **E** à la dent **F**. De la sorte, chaque dent est rendue mobile et peut saisir toutes les dépressions du sol.

Quand on conduit l'instrument à la campagne, les cinq dents **F** sont relevées, comme cela est indiqué en **V** (fig. 14).

Sur la charnière se trouve un arrêt en fer qui permet, lorsqu'on soulève les brancards, d'exhausser à la fois toutes les dents de manière à les élever au-dessus de la surface du sol et à pouvoir tourner l'instrument avec facilité aux extrémités du terrain.

Chaque dent est munie d'un poids d'un demi à un kilogramme. Ces poids peuvent s'enlever à volonté ou se fixer sur toute la longueur des dents. On les enlève lorsque les terres sont très-légères, ou bien on les place sur l'une ou l'autre partie des dents, suivant la résistance qu'offre le terrain.

Pour rayonner, on dépouille d'abord l'appareil de la houe à ressorts, et l'on fixe le rayonneur à brouette au moyen des deux clefs **T** (fig. 14), que l'on introduit dans les ouvertures pratiquées au point **Z** (fig. 11). Cette barre se trouve alors fixée comme cela se voit au point **W** (fig. 10).

Manière d'employer le plantoir mécanique et le rayonneur-sarcloir. — Lorsque le sol a reçu les labours et les hersages qui lui sont nécessaires avant d'être ensemencé, c'est-à-dire quand il est suffisamment ameubli et bien pulvérisé, on fait passer le rouleau afin de rendre la surface aussi plane que possible. On rayonne ensuite le champ dans un sens, en ayant soin de tracer d'abord les lignes les plus étroites. Le terrain est alors disposé de la manière suivante :

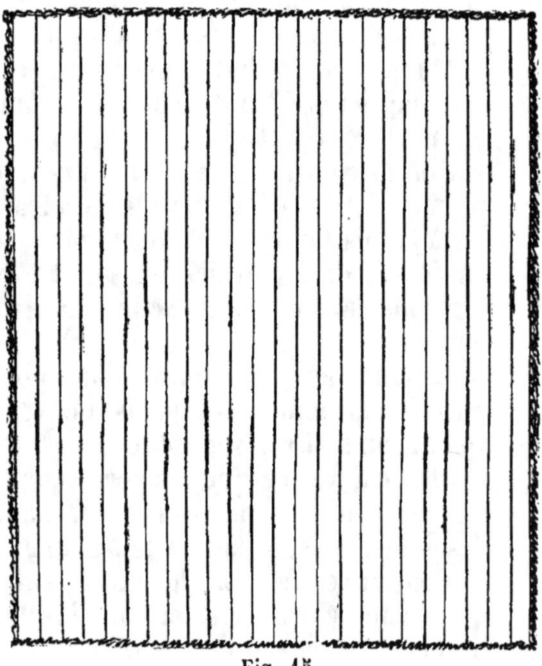

Fig. 15.

Dès que cette première opération est terminée, on en pratique une seconde de la même nature, à cette exception près que les rayons doivent être dirigés dans un sens opposé. La surface présente ainsi une série de planches rectangulaires ou de carrés longs dont l'étendue se règle suivant l'espace que réclament les plantes pour prospérer. La figure suivante représente un champ entièrement sillonné et prêt à recevoir l'application du plantoir mécanique.

Voici maintenant comment l'on procède au semis. A chaque point d'intersection, c'est-à-dire à la place où les lignes se rencontrent, l'ouvrier qui manie l'emporte-pièce creuse un trou d'une profondeur proportionnée aux exigences de la graine à enfouir. Il commence à l'un des côtés de la pièce et finit à l'autre, en allant, par exemple, de *A* en *B*, comme l'indique la figure 16. La première ligne terminée, on passe à la seconde ligne *C D*, et ainsi de suite jusqu'à ce que toute la parcelle de terre soit plantée.

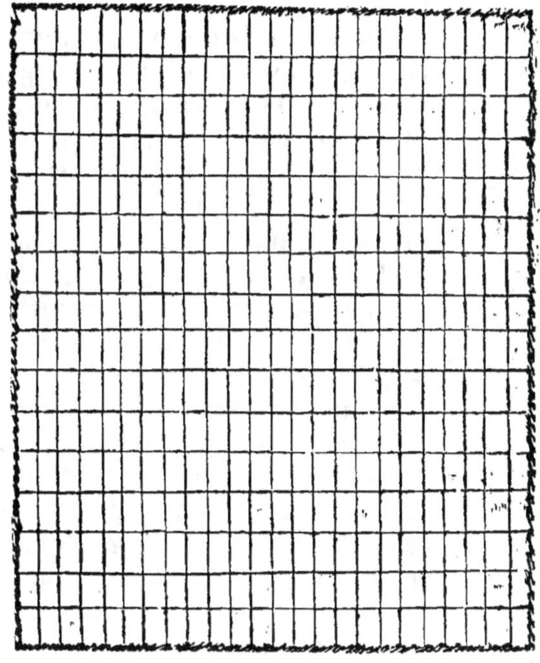

Fig. 16.

Quand l'ouvrier est occupé à creuser les trous du premier rayon, il peut jeter indifféremment la terre qui en provient; mais dès qu'il est arrivé au second rayon, il doit conserver précieusement dans son appareil la terre qu'il a enlevée des nouveaux trous, afin de pouvoir remplir ceux du rayon précédent. Ainsi la terre provenant des trous creusés sur la ligne *C D* servira à remplir ceux qui auront été formés auparavant dans la ligne *A B*. Voilà pour l'emporte-pièce : passons au plantoir.

Le maniement de cet appareil est des plus faciles à comprendre. L'homme qui est chargé de le faire fonctionner saisit de la main droite le manche en bois, et embrasse de la main gauche la manotte qui surmonte la tringle. Il pose ensuite la partie inférieure de l'instrument dans le premier trou creusé au moyen de l'emporte-pièce, puis il imprime à la manotte un mouvement de va-et-vient horizontal qui fait tomber, comme il a été dit plus haut, la graine et l'engrais à la place qui leur est destinée. Aussitôt que le premier trou est garni, il passe au second, puis au troisième, et ainsi de suite jusqu'au bout de la ligne.

Supposons maintenant que ces deux ouvriers soient arrivés à l'extrémité du champ; on croira peut-être qu'ils vont effectuer le semis d'une nouvelle ligne en commençant du côté où ils se trouvent. Erreur! Ils reviennent à leur point de départ en suivant la ligne qu'ils viennent de planter, et pressent du pied, dans leur parcours, la terre dont les graines se trouvent recouvertes. Outre que cette pression est supérieure à celle du rouleau, elle se fait encore avec plus de régularité et exerce ainsi une influence des plus favorables sur la germination.

Dès que la jeune végétation est sortie de terre, on pratique un premier sarclage avec le rayonneur muni de la houe à ressorts. Quinze jours ou trois semaines après, on éclaircit à la main les groupes de plantes de manière à n'en plus laisser qu'une à chacune des places où elles étaient agglomérées. Cette opération terminée, on effectue encore plusieurs sarclages et binages ; puis, lorsque les racines ont pris un certain développement, on termine par un buttage en substituant le soc aux dents et au couteau dont le rayonneur était armé. Tout cela se fait avec promptitude et facilité, et n'exige qu'une dépense insignifiante comparativement à celle que réclament les sarclages exécutés d'après les méthodes ordinaires.

Règles à suivre dans la pratique des semis au plantoir mécanique. — 1° Les trous formés avec l'emporte-pièce doivent être très-superficiels pour toutes les graines fines, telles que colza, betteraves, carottes, navets, etc. ; on ne doit dans aucun cas dépasser un centimètre de profondeur.

2° Les engrais demandent à passer par un tamis à mailles fines avant d'être jetés dans le récipient de distribution. Les substances humides ne conviennent pas pour cette destination, et doivent être affectées à un autre usage. On peut d'ailleurs, pour faire descendre plus facilement l'engrais jusqu'aux platines, le mêler avec quelques parties de matières sèches, telles que plâtre, noir animal, cendres de bois et de mer. Le guano s'accommode parfaitement de ce mélange : employé seul, il adhère aux platines et entrave plus ou moins la marche de l'instrument.

3° Les graines doivent subir un nettoyage convenable avant d'être introduites dans le tube ; si l'on sème des carottes, il importe que la semence soit dépouillée de son chevelu.

4° On doit éviter de diminuer la quantité de graines qui tombe à chaque mouvement de la tringle ; au premier coup d'œil il semble que la proportion de semence est trop considérable, mais l'expérience a démontré qu'il peut y avoir de graves inconvénients à la réduire.

5° Il est essentiel d'enduire d'huile ou de toute matière analogue les parties frottantes de l'instrument. Toutefois, les platines qui traversent les tubes en cuivre ne peuvent être couvertes d'aucun corps gras. Elles doivent rester parfaitement sèches et aussi bien polies que possible. Pour ce motif, il sera bon de placer l'appareil à l'abri de la rouille après chaque semaille, et d'enlever du tube tout l'engrais qui n'aurait pas été utilisé.

6° Le plantoir est armé de petits crochets qui servent à fixer une toile en forme de bourse. Cette toile a pour objet de préserver les platines de l'humidité lorsqu'on sème par un temps brumeux, et d'empêcher que le vent n'enlève une partie de l'engrais.

7° La proportion d'engrais à répandre autour de la graine se règle par la plus ou moins grande quantité de matières que l'on ajoute à la substance dont on désire faire usage. Si l'on emploie le guano pur, il en tombe environ 300 kilogr. par hectare, tel que le plantoir est monté. Si l'on veut seulement répandre 200 kilogr. de guano, il faut donc y ajouter 100 kilogr. de cendres, de noir animal ou de toute autre substance sèche. Enfin, dans le cas où l'on voudrait réduire la quantité de guano à 100 kilogr. par hectare, la proportion de cendres, de noir, etc., devrait alors être de 200 kilogr.

8° L'expérience a démontré qu'à l'aide du plantoir mécanique, 100 kilogr. de guano à 25 fr., un hectolitre de cendres de Hollande à 60 centimes et un hectolitre de noir animal à 5 fr., le tout réuni par un mélange, suffisent pour la végétation régulière d'un hectare de racines ensemencé dans un sol de fertilité moyenne.

9° Avec un litre de rutabagas, pesant 658 grammes, on ensemence 7,100 groupes de plantes.

Avec un litre de navets, pesant 730 grammes, on ensemence 9,000 groupes de plantes.

Avec un litre de colza, pesant 748 grammes, on ensemence 9,500 groupes de plantes.

Avec un litre de carottes, pesant 334 grammes, on ensemence 9,600 groupes de plantes.

Enfin, avec un litre de betteraves, pesant 250 grammes, on ensemence 2,540 groupes de plantes.

Résultats d'expériences faites en 1851 et 1852. —Les essais comparatifs qui ont été tentés sur les différents modes de semis ont toujours plaidé en faveur du plantoir mécanique. Ces essais ont été très-nombreux, trop nombreux pour être tous rapportés ici en détail. Nous nous bornerons à en signaler quelques-uns.

Le premier exemple que nous ayons à donner à l'appui de l'innovation est relatif à la culture du colza d'hiver par voie de semis. L'expérience a été faite en 1851 chez M. Lefebvre, propriétaire-cultivateur à Leuze (Hainaut). Quoique l'année ait été peu favorable à la production des graines, le rendement obtenu s'est élevé à 28 1/2 hectolitres à l'hectare, tandis que le produit de la pièce voisine, qui avait été plantée par la méthode ordinaire, n'a pas dépassé 21 hectolitres.

Les lignes du colza semé avec le plantoir se trouvaient placées à différentes distances, depuis 30 jusqu'à 46 centimètres : les plus larges ont donné dans la proportion de 32 hectolitres à l'hectare.

Cette oléagineuse, placée sur un terrain engraissé avec du fumier de basse-cour, a été semée en partie avec guano, en partie avec tourteaux, à la faible dose de 100 kilogrammes du premier et de 150 kilogrammes du second par hectare. Comparée aux plus beaux champs du voisinage, la terre semée en carrés avec le plantoir leur a été trouvée supérieure d'un quart et d'un cinquième suivant la plus ou moins grande distance des rayons.

Un autre exemple non moins frappant est venu établir au mois d'octobre de la même année la valeur du plantoir mécanique dans la culture des betteraves. Un champ d'expérimentation, appartenant à l'école d'agriculture de Leuze, fut divisé en trois parcelles égales et soumis aux trois modes de semis actuellement en usage. Sur l'une on déposa la graine à la main, dans l'autre la semence fut répandue au semoir, enfin la troisième reçut l'application du plantoir. A la récolte, le produit fut pesé, et l'on constata que cette dernière parcelle produisit en moyenne par hectare 17,000 kilogr. de plus que les deux autres. Nous ferons en outre remarquer que le terrain soumis à l'action de la nouvelle machine, et qui avait reçu en même temps que la graine une certaine quantité d'engrais en poudre, a été complétement préservé des insectes, sans en excepter le ver blanc, si redoutable par ses ravages, tandis que les champs voisins étaient visiblement atteints de ce fléau destructeur.

Chez M. le baron Peers, membre de la Chambre des représentants, à Oostcamp, près de Bruges, des faits à peu près analogues ont été constatés par suite d'essais exécutés avec beaucoup de soin dans ses cultures pendant l'année 1852. Une parcelle de 50 ares de betteraves, semée avec le plantoir mécanique, a produit à la récolte 27,000 kilogr. de racines, tandis qu'une autre parcelle de la même étendue et placée dans les mêmes conditions, n'a donné par la semaille à la main que 20,000 kilogrammes. Dans un autre essai effectué sur la culture des navets, les terres où le plantoir a été mis en usage ont produit 4,100 kilogrammes de plus à l'hectare que celles où l'on avait répandu la semence à la main. — « Nous sommes en droit de le proclamer tout haut, dit M. Peers, de tous les instruments aratoires qui ont figuré à l'exposition de Londres, il n'en est pas un seul qui soit appelé à rendre de plus grands services à l'agriculture que le plantoir mécanique. »

A l'école de réforme de Ruysselede, dirigée par M. Poll, des résultats extraordinaires ont également été obtenus à l'aide du nouveau système de semis. Partout, les betteraves, les carottes et les navets semés au plantoir ont été supérieurs aux mêmes plantes provenant de semis exécutés à l'aide du semoir.

Le directeur des cultures de MM. les barons de Fiennes et de Mooreghem est aussi explicite. Les essais qu'il a faits à la ferme des Trois-Fontaines à Renaix sont plus concluants encore que les précédents. « Le produit des betteraves obtenues par le semis au plantoir, écrit-il en date du 20 octobre 1852, est exorbitant; le rendement en est de deux tiers plus élevé que par les autres méthodes ; 55,000 kilogrammes à l'hectare est le poids obtenu au moyen du nouveau système, tandis que la plantation au semoir n'a donné que 18,000 kilogr.

à l'hectare : c'est presque incroyable, mais c'est ainsi ; tous les cultivateurs de cette contrée peuvent confirmer mon attestation. »

Nous donnerons maintenant ici les résultats qui ont été obtenus des essais comparatifs tentés à l'école d'agriculture de Thourout. Ces résultats sont tellement brillants qu'ils méritent d'être publiés séparément dans les tableaux spéciaux.

Les expériences dont il s'agit ont été faites dans trois champs distincts, dont deux consacrés à la culture des betteraves rouge et blanche, et le dernier à la production du sainfoin. Chacun de ces champs a été divisé en trois parcelles égales : l'une semée à la main, la seconde semée à l'aide du semoir, et la troisième semée au plantoir mécanique. Voici à quels chiffres s'est élevé le produit des différentes récoltes,

Premier champ.

VARIÉTÉS DE BETTERAVES.	MODES DE SEMIS.	DISTANCE DES LIGNES.	DISTANCE des plantes dans les lignes.	PRODUIT PAR HECTARE.
Blanche de Silésie...	A la main.	55 centimètres.	28 centimètres.	52.700 kilogr.
	Au semoir.	55 »	28 »	62,000 »
	Au plantoir mécanique.	55 »	56 »	75,000 »
Rouge champêtre...	A la main.	55 »	28 »	58,900 »
	Au semoir.	55 »	28 »	63,800 »
	Au plantoir mécanique.	55 »	56 »	68,100 »
Jaune longue...... ..	A la main.	55 »	28 »	47,000 »

Deuxième champ.

VARIÉTÉS DE BETTERAVES.	MODES DE SEMIS.	DISTANCE d'une ligne à l'autre.	DISTANCE d'une plante à l'autre dans les lignes.	PRODUIT PAR HECTARE.
Rouge champêtre ...	Au semoir.	0 ᴍ 65	0 ᴍ 28	58,700 kilogr.
	Id.	0 » 44	0 » 28	45,800 »
	Au plantoir mécanique.	0 » 65	0 » 56	62,700 »
	Id.	0 » 44	0 » 56	70,100 »
Blanche de Silésie...	Au semoir.	0 » 65	0 » 28	62,800 »
	Id.	0 » 44	0 » 28	56,700 »
	Au plantoir mécanique.	0 » 65	0 » 56	77,000 »
	Id.	0 » 44	0 » 56	78,900 »
Jaune Globe...	Au semoir.	0 » 65	0 » 28	46,200 »
	Id.	0 » 55	0 » 28	55,000 »
	Au plantoir mécanique	0 » 65	0 » 56	77,000 »
	Id.	0 » 44	0 » 56	72,000 »

Troisième champ.

Ce champ a été emblavé, comme nous l'avons dit plus haut, de sainfoin à deux coupes. Le sol était partout de même nature et la semence a été répandue dans la même journée. Les chiffres suivants indiquent quel a été le rendement par hectare :

		Kil. de fourrage vert.
Semailles à la volée	. . . .	6,850
»	au semoir.	12,279
»	au plantoir mécanique . . .	19,635

Il résulte de ces tableaux que l'application du plantoir mécanique a toujours été suivie d'effets remarquables. Ainsi, dans le premier champ, tandis que par les semis à la main et au semoir on n'a obtenu en moyenne qu'un produit de 55,800 kilogrammes de betteraves d'une part, et 62,900 kilogrammes d'autre part, la semaille au plantoir a fourni un rendement moyen de 70,550 kilogrammes sur la même surface.

Les chiffres consignés comme résultats des expériences faites dans le second champ sont plus éloquents encore. Ici, le rendement des parcelles de terre où le semoir a été employé s'élève seulement a une moyenne de 54,200 kilogrammes par hectare, tandis que les surfaces où le plantoir mécanique a fonctionné ont produit des récoltes de 72,900 kilogrammes. C'est une différence de 18,700 kilogrammes, différence qui correspond à 30 pour cent environ du produit total.

A ces avantages considérables que procure le nouveau système de culture des racines, il faut en ajouter un autre fort important : la réduction de frais de main-d'œuvre qu'occasionnent les soins à donner aux plantes pendant leur croissance. D'après les essais effectués à l'école d'agriculture de Thourout, les dépenses de graines, de semailles, d'espacement et de sarclage devraient être évaluées comme suit :

Semailles à la volée. . . . 157,75 par hectare.
»   au semoir . . . 76,00   »
«   au plantoir (1) . 49,00   »

« Nos récoltes de racines, dit en terminant son rapport le directeur de l'établissement que nous venons de citer, ont été d'une richesse extraordinaire. Dans les terres où l'on a fait usage du plantoir mécanique, on a trouvé un grand nombre de betteraves du poids de 5 1/2 kilogrammes. Tous les agriculteurs de ces environs, ajoute-t-il, parlent de nos produits ; il n'y a que ceux de M. Mathieu de Winnendael qui puissent lutter contre eux. »

Une foule d'autres épreuves ont enfin été tentées dans le pays, chez M. le baron de Woelmont d'Op-lieux, qui a obtenu, à l'aide du plantoir, des carottes et des navets magnifiques ; chez MM. Duchateau frères, à Grand-Glise ; Duchateau de Péruwelz ; Legrand, à Hornu ; Simon et compagnie, à Chercq ; Massez, à Renaix ; de Denterghem, membre de la Chambre des représentants ; baron de Lacroix, etc. Il est seulement à regretter que nous n'ayons pu recueillir des renseignements sur le

(1) On suppose que les racines semées au plantoir sont sarclées au moyen du rayonneur-sarcloir.

mérite des procédés dont on fait l'application dans les cultures de ces propriétaires. Les données que nous avons fournies antérieurement suffisent d'ailleurs pour prouver que le mode de semis appuyé sur l'usage du plantoir mécanique et du rayonneur-sarcloir est une découverte précieuse qui exercera dans un avenir très-prochain une influence très-marquante sur la prospérité de l'agriculture.

Telle est notre opinion, tel est aussi l'avis de tous ceux qui ont voulu consulter l'expérience avant de formuler leur jugement : les faits, nous en sommes convaincu, ne démentiront point cet heureux présage.

§ 6. — Semis en pépinière et transplantation.

La culture des betteraves par transplantation a été vivement recommandée par certains agronomes au nombre desquels figure en première ligne M. de Dombasle, qui assure en avoir obtenu d'excellents résultats. Nous avons toujours, pour ce qui nous concerne, rencontré de très-grands obstacles dans l'exécution méthodique de ce système ; et la plupart des agriculteurs belges partagent, comme nous, l'opinion que les semis en pépinière ne sauraient être pratiqués avec profit sur une échelle quelque peu étendue.

Il existe, comme on sait, deux procédés distincts pour la culture par transplantation. L'un, qui est la méthode ordinaire, consiste à semer de très-bonne heure sur une terre riche, bien fumée et à l'abri des froids, une grande quantité de graines pour repiquer ensuite les plants en pleine campagne, lorsqu'ils ont atteint la grosseur d'un doigt. Le second procédé est celui que l'on désigne sous le nom de procédé Koecklin. Cette méthode ne diffère en rien de la précédente, si ce n'est que la graine se répand dans des couches au lieu de se semer en pépinière à l'air libre. Quoique nous ne soyons grand partisan ni de l'un ni de l'autre de ces deux modes, nous croyons cependant, pour l'acquit de notre conscience, devoir en donner la description.

1° *Procédé ordinaire.* — Les semis destinés aux transplantations doivent se faire au plus tard dans les premiers jours du mois d'avril; si l'on tardait davantage à enterrer la graine, on aurait peine à obtenir avant la fin de mai du plant ayant 15 millimètres de diamètre, grosseur convenable pour que la plantation ait une réussite assurée. Le sol de la pépinière demande à être bien ameubli et bien fumé; un hectare de pépinière peut fournir du plant pour 10 hectares de terre. On y place la semence en lignes distantes de 30 centimètres les unes des autres, mais on sème beaucoup plus dru. Il est essentiel d'éclaircir de bonne heure les plants et de leur donner les sarclages convenables; ces opérations hâtent leur développement et rapprochent le moment où l'on pourra les repiquer. Or, moins cette époque est reculée, plus le produit est abondant.

Quand le moment du repiquage est venu, on choisit un temps sombre, humide, puis on déplante une ligne sur deux, de sorte que les lignes restées intactes sont placées à 60 centimètres les unes des autres. On éclaircit ensuite les plants sur ces dernières lignes en laissant entre eux un espace de 25 à 30 centimètres. La pépinière, ainsi traitée, reçoit alors la même culture que les semis en plein champ et donne de très-beaux produits.

A mesure que les jeunes plants sont enlevés de la pépinière, on tranche les feuilles à dix centimètres environ au-dessus du collet pour diminuer les effets de l'évaporation ; on coupe également l'extrémité de la racine lorsqu'elle est trop longue pour se loger dans la terre sans se replier, et l'on repique.

Le repiquage est pratiqué soit à la charrue, soit au plantoir. Dans l'un et l'autre cas, le sol est préparé comme pour le semis à demeure. Lorsqu'on se sert de la charrue, on dépose les jeunes plants contre la bande de terre renversée, on les y enterre légèrement, en ayant soin de les espacer convenablement, et le trait de charrue vient les recouvrir ; il n'y a plus alors qu'à presser la terre avec le pied contre la racine. On garnit ainsi une raie sur deux ou trois, selon la largeur des raies, et suivant la distance qu'on veut réserver entre chaque ligne.

Pour le repiquage au plantoir, on trace sur le sol, avec le rayonneur, des sillons régulièrement espacés. Des femmes, munies d'un plantoir dont la longueur leur sert à mesurer la distance à réserver entre chaque betterave, et portant des plants dans leur tablier, suivent chacun de ces sillons. Tandis que, de la main droite, elles enfoncent le plantoir, de la gauche elles introduisent le plant jusqu'au-dessus du collet ; enfonçant ensuite le plantoir un peu obliquement à quelques centimètres du plant, elles pressent d'abord la terre contre l'extrémité inférieure de la racine ; puis, ramenant promptement la portion supérieure du plantoir du côté de cette dernière, elles pressent la terre contre la racine jusqu'au collet. En avançant le pied pour passer à la betterave suivante, elles appuient le talon de manière à remplir de terre le dernier trou du plantoir. Le succès de ce repiquage dépend beaucoup du soin que l'on apporte à comprimer la terre contre la racine.

Si le temps humide se faisait trop attendre, et qu'on fût obligé d'effectuer la plantation en temps de sécheresse, il faudrait arroser les jeunes plants, immédiatement après le repiquage, avec de l'eau douce ou mieux encore avec du purin faible.

La culture de la betterave par transplantation présente des avantages et des inconvénients. Comme avantages, on peut dire d'abord qu'elle permet de nettoyer, par des labours et des hersages multipliés, les terres salies par une grande quantité de mauvaises herbes. D'un autre côté, les repiquages sont quelquefois utiles dans les terres compactes et humides ; comme ces terres s'égouttent et s'échauffent plus lentement que les autres, elles ne peuvent être ensemencées que fort tard au printemps, et les jeunes plants y sont surpris par la sécheresse avant d'avoir acquis assez de force pour s'en défendre ; enfin la récolte y est plus tardive.

Les inconvénients attachés à la transplantation sont les suivants : 1° Par le repiquage il est très-difficile de ne pas laisser dans la terre en enlevant les plants de la pépinière la pointe de la queue des racines ; dès lors elles ne plongent plus dans le terrain ; leur surface se recouvre de radicelles ou brindilles, et la betterave grossit sans s'allonger. 2° En plaçant la betterave dans le trou qu'on a fait avec le plantoir, il est difficile que la pointe de la queue ne se replie pas, et alors on éprouve tous les mauvais effets qui viennent d'être signalés. 3° Enfin, la transplantation est plus coûteuse que le semis en place, et le repiquage exige un temps pluvieux, ce qui ne se rencontre pas souvent, ou un arrosement artificiel, ce qui ne peut se faire sans causer de très-grands embarras.

La culture des betteraves en pépinière avec repiquage est peu usitée en Belgique; elle est, au contraire, adoptée dans quelques parties de la France et de l'Allemagne. Ses partisans et ses détracteurs appuient leur sentiment par de très-bonnes raisons qu'il faut abandonner au jugement souverain de la pratique. En tout cas, on peut dire que la betterave globe jaune est celle qui se prête le mieux à la transplantation.

2° *Procédé Koechlin.* — La betterave est une plante bisannuelle qui, pendant sa première année, grossit en proportion du temps pendant lequel elle profite à la fois de la chaleur et de l'humidité. Semée à la fin d'avril, elle n'a donc que cinq mois de végétation active; encore faut-il retrancher de ce temps les jours de sécheresse où elle languit. Si l'on pouvait hâter de six semaines ou deux mois, au printemps, sa mise en culture, il est certain qu'on doterait la plante d'une prolongation de vie bien précieuse, et que l'on augmenterait son produit. C'est là le problème que M. Koechlin s'est efforcé de résoudre en semant sur couche dès le mois de janvier, pour repiquer à la fin d'avril.

Aidé de cette chaleur artificielle, et pratiqué sur une terre bien préparée, le semis pousse avec vigueur et peut être beaucoup plus serré que dans les pépinières en plein champ; aussi 40 mètres carrés de couches suffisent-ils pour repiquer un hectare.

D'après M. Koechlin, on obtiendrait à l'aide de sa méthode des produits très-considérables, et M. de Gasparin déclare lui-même, dans son *Cours d'agriculture,* avoir récolté 110,000 kilogrammes de betteraves, là où, par le système des semis en place, il obtenait à peine un rendement de 20,000 kilogrammes.

Des expériences comparatives ont aussi été tentées dans notre pays. Il est à notre connaissance, notamment, que des essais exécutés dans les Flandres et la province de Hainaut ont produit des résultats assez satisfaisants.

L'innovation dont il s'agit semble cependant présenter un vice radical : c'est que sur la quantité totale de plantes levées en hiver et repiquées de bonne heure au printemps, plus d'un tiers et souvent même plus d'une moitié monte à graine et ne donne plus que des racines chétives de très-peu de valeur. Certains agriculteurs pensent que l'on pourra remédier à ce mal en ne déposant dans la couche, comme cela se fait pour plusieurs espèces de légumes, que des graines recueillies trois ou quatre années auparavant, mais les faits n'ont point encore sanctionné jusqu'ici cette opinion : de nouvelles tentatives pourront seules nous dire ce qu'il faut espérer de cette sage et prévoyante conception.

§ 7. — Culture en récolte dérobée.

Les récoltes intercalaires sont trop bien connues en Belgique pour qu'il soit nécessaire d'en démontrer ici la valeur et l'importance. On sait que le système consistant à tirer deux produits différents du même sol et dans la même année, a pour but, non-seulement d'utiliser promptement le capital d'engrais enfoui en terre et d'empêcher ainsi la déperdition des substances actives de la végétation, mais encore de réduire de moitié le prix de location de la terre, en faisant porter la rente sur deux récoltes au lieu de l'imputer à une seule.

Ce n'est certes pas d'aujourd'hui que les cultures dérobées font l'objet d'un système particulier. La production des navets de chaume dans des terres précédemment emblavées de seigle, les semis de carottes effectués dans les champs de lin et de colza ou dans les céréales à maturité précoce, rien de tout cela n'est plus un secret pour personne. Il n'en est pas de même du procédé qui permet de remplacer ces deux espèces de racines par la betterave. Ici, en effet, la pratique est restée circonscrite dans des limites très-étroites : à peine a-t-elle révélé l'existence du mode de substitution. Cela n'empêche pas toutefois que l'on puisse y trouver de notables avantages dans une foule de circonstances, et c'est précisément là ce qui nous a suggéré l'idée d'écrire ces lignes.

La betterave peut donc se cultiver comme les carottes et les navets, en récolte dérobée après l'enlèvement des produits principaux. Seulement, pour qu'il y ait chance de réussite, il est indispensable que cette plante vienne après des végétaux hâtifs, tels que le colza, l'orge d'hiver, etc. Il est également nécessaire que l'on procède par voie de repiquage en transplantant à demeure et à la distance voulue les pieds que l'on arrache d'une pépinière formée à l'avance dans cette intention. Voici d'ailleurs les principales règles à suivre dans l'application de la méthode que nous avons à décrire.

Si l'on veut obtenir une récolte supplémentaire de betteraves d'un champ consacré à la culture du colza ou de l'orge, on sème d'abord, du 15 au

30 mai, sur une parcelle de terrain bien fumée, de la graine de ce fourrage-racine dans la proportion de douze à quinze kilogrammes par hectare. Dix ou quinze jours après la levée du semis, les jeunes plants sont sarclés, puis éclaircis de manière qu'il y ait entre chacun d'eux, ou bien un espace de quinze centimètres en tous sens, ou bien une distance de trente centimètres dans un sens et de dix centimètres dans l'autre. D'autre part, le champ qui a produit la céréale ou la plante oléagineuse reçoit immédiatement après la récolte un labour profond, ainsi que les hersages et les roulages nécessaires à la préparation du sol. Ces dispositions terminées, on enlève les betteraves de la pépinière, en ayant soin de les arracher avec précaution, et on les repique en lignes à l'aide de la charrue ou du plantoir à main, sur la place même où elles doivent achever leur croissance. Ces lignes étant distancées de 50 centimètres les unes des autres, on laisse dans le rayon un espace de 25 centimètres entre chaque plante. Enfin quand on aperçoit que la végétation a repris de la vie, on procède aux sarclages et aux binages comme pour la culture ordinaire, c'est-à-dire d'après les méthodes qui seront indiquées au paragraphe suivant.

La culture des betteraves en récolte dérobée par le système de la transplantation ne nous semble pas rentrer dans la catégorie des faits qui exigent de longs développements pour être appréciés à leur juste valeur. La connaissance des éléments sur lesquels se fonde cette innovation suffit à elle seule pour en déterminer le mérite et l'importance. Au reste, il ne s'agit nullement ici d'une découverte, car on suit dans quelques localités de la Flandre, depuis plusieurs années déjà, un mode analogue avec le plus grand succès. Les produits qu'on y obtient de la sorte sont parfois si considérables qu'ils équivalent à plus de la moitié du rendement obtenu d'une récolte principale.

§ 8. — Soins à donner aux plantes pendant leur croissance.

Il n'est peut-être pas de plante qui souffre plus du voisinage des mauvaises herbes que la betterave ; si la terre n'est pas maintenue dans un état parfait de netteté, la racine reste petite et ne grossit pas. Les sarclages et les binages sont donc des opérations indispensables qui méritent de fixer toute l'attention du cultivateur. Soit que la graine ait été semée à la main, soit qu'elle ait été répandue à l'aide du semoir ou bien avec le plantoir mécanique, il est toujours important de donner une première façon à la terre dès que les jeunes plantes apparaissent à sa surface. On détruit ainsi les germes de la végétation parasite qui commence à se développer entre les lignes, ce qui diminue beaucoup les travaux subséquents.

Les sarclages se font de deux manières : on les exécute avec des ustensiles à main nommés *rasettes,* ou bien au moyen de houes à cheval. Ce dernier système est de beaucoup supérieur à l'autre en ce qu'il abrége le travail et diminue les frais de main-d'œuvre dans des proportions considérables. Quand on fait usage de la rasette, les sarcleuses sont disposées en bandes dirigées par un chef ; chacune d'elles occupe une ligne et fait sur les parties déjà sarclées le moins de pas possible ; elles enfoncent peu leur outil, de manière à écrouter seulement le sol et à couper peu profondément les racines des mauvaises herbes sans déranger celles des jeunes betteraves. Si l'on emploie la houe à cheval, le rayonneur monté en sarcloir ou la houe multiple, on règle ces instruments de telle sorte que les couteaux ne tranchent que la superficie du sol, afin de ne pas arracher ni même couvrir les plantes disposées en rayons.

Le second sarclage se pratique ordinairement quinze jours ou trois semaines après le premier. C'est alors aussi que l'on éclaircit les lignes, en arrachant les plantes superflues. Pour effectuer cette opération avec régularité, des femmes ou des enfants armés de petits sarcloirs à main suivent les lignes, mettent les plantes à distance en arrachant toutes celles qui sont superflues, et travaillent en même temps la terre à deux ou trois centimètres de chaque côté du rayon. Viennent ensuite les rasettes ou les houes à cheval, pour détruire les mauvaises herbes qui se trouvent dans les allées.

Plusieurs agriculteurs prétendent qu'il y a avantage à laisser d'abord dans les lignes un nombre de plantes deux fois plus considérable que la quantité voulue, afin de pouvoir pratiquer ensuite un second espacement lorsque les betteraves n'ont plus rien à craindre des rigueurs de la température ni des attaques des insectes. Nous pensons que ce système mérite d'être recommandé partout où la main-d'œuvre est abondante. Il est certain, en effet, qu'en mettant directement les plantes à distance convenable, on s'expose à perdre une partie de la récolte, car si telles ou telles circonstances viennent causer la mort d'une seule plante, il reste alors dans la ligne un vide qui est loin d'être réparé par le développement des plantes voisines. Cet inconvénient n'existe pas au même degré lorsqu'on opère l'espacement à deux reprises différentes.

La distance à laquelle il convient de placer les betteraves doit être subordonnée à la nature du terrain, aux cultures que celui-ci est destiné à recevoir, à la quantité et à la qualité des engrais qu'on lui confie, et enfin aux variétés choisies. En général, plus le sol est riche en engrais et mieux les plantes sont traitées pendant leur croissance, plus aussi l'espace à laisser entre elles doit être considérable.

Dans le département du Nord, où la betterave est cultivée en grand depuis nombre d'années, la largeur des allées est de 48 centimètres; avec cette distance les pieds sont espacés de 40 centimètres dans les lignes, ce qui donne environ 53,000 plants par hectare. Dans d'autres localités, on met entre un rayon et l'autre une distance de 54 centimètres et l'on sépare les plantes entre elles dans la ligne par un espace de 24 centimètres seulement; on obtient alors 77,000 betteraves par hectare.

Ailleurs enfin, on sème en carré à 40 centimètres en tous sens, et l'hectare donne 78,000 plants. Dans les trois cas, on obtient, à conditions égales de terrain, d'engrais et de cultures, des récoltes d'environ 40,000 kilogrammes par hectare, ce qui donne des betteraves du poids moyen de 770 grammes chacune pour le premier genre d'espacement, et de 520 grammes pour les deux derniers.

Selon nous, l'espacement le plus convenable serait de 50 à 55 centimètres d'une ligne à l'autre, et de 30 à 55 centimètres entre chaque plante dans la ligne pour tous les terrains frais et profonds qui renferment une proportion suffisante d'engrais. On peut, du reste, comme cela a été dit plus haut, augmenter ou diminuer ces distances suivant les conditions dans lesquelles on se trouve, mais l'expérience enseigne qu'il faut s'en écarter le moins possible.

Cette question résolue, nous ramènerons le lecteur aux soins qu'exige la betterave pendant sa végétation. Lors donc que l'on a donné le second sarclage, on ne touche plus à la terre avant qu'elle ne se soit de nouveau durcie ou couverte d'herbes nuisibles. Mais dès que l'on s'aperçoit de la présence de l'un ou de l'autre de ces obstacles, il ne faut pas hésiter à recommencer l'opération. Plus on remue la terre pendant la croissance des plantes, plus aussi elles acquièrent de force, de vigueur et de volume. Enfin on termine les travaux de culture par un buttage. On ignorait, il y a peu de temps encore, que ce travail pût exercer de l'influence sur les organes nourriciers de la végétation, mais des essais comparatifs sagement exécutés ont établi qu'il ne reste pas sans action sur la prospérité des récoltes. Le buttage étouffe d'ailleurs les plantes inutiles que les houes à cheval n'ont pu atteindre, et si l'on réfléchit qu'à l'aide des instruments perfectionnés dont l'agriculture est aujourd'hui enrichie, cette longue série de travaux n'absorbe qu'une main-d'œuvre insignifiante, il n'est pas un seul praticien qui puisse reculer devant les obligations qu'elle impose.

§ 9. — Effeuillement.

Les feuilles de betteraves sont un aliment dont les animaux de l'espèce bovine s'accommodent parfaitement lorsqu'il y a pénurie d'autres fourrages verts. Malheureusement il n'est guère possible de les enlever pendant la croissance des racines sans nuire considérablement à la récolte. Le seul moyen de pratiquer cette suppression sans inconvénients, c'est d'attendre que la nature elle-même en donne le signal, c'est-à-dire lorsque les feuilles extérieures, entièrement développées, commencent à prendre une direction plus horizontale que verticale et une teinte d'un vert rougeâtre moins foncé. A cette époque, on peut les retrancher sans se causer un dommage bien sensible, surtout si l'on a soin de choisir de préférence les deux feuilles de la base qui se flétriraient en pure perte. L'on peut prolonger successivement ce retranchement jusqu'au moment de la récolte; mais il est toujours dangereux, excepté à cette époque, de supprimer les feuilles entièrement ou même seulement en grande masse quand elles sont encore fraîches et vigoureuses.

En opérant avec cette précaution, on ne doit pas craindre de nuire à la racine qui est l'objet principal, et l'on obtient une grande quantité de nourriture verte qui, à l'état où nous conseillons de la recueillir, constitue encore un bon fourrage. Il est certain ensuite qu'au temps de l'arrachage on se trouve débordé par une masse énorme de feuilles qu'il faudrait faire consommer en vert et dont il faut sacrifier la plus grande partie : nous concevons alors qu'il est préférable de les laisser sur le champ comme engrais au moment où on les sépare de la racine.

§ 10. — Récolte et rendement.

Un grand nombre d'observations exactes ont constaté que la betterave ne cesse réellement de grossir que quand des froids assez intenses ou même des gelées viennent la surprendre pendant plusieurs jours. Il y aurait donc intérêt à retarder l'arrachage le plus possible, si la crainte des gelées et la nécessité de faire les semailles d'hiver lorsqu'elles succèdent à ces racines, n'obligeaient généralement à entreprendre cette opération du 15 septembre à la fin d'octobre. L'époque de la récolte est en outre subordonnée aux qualités du terrain et à la nature du climat. Si le sol est compacte, argileux, il faut arracher de bonne heure; car, en absorbant l'humidité, il devient collant, boueux; l'extraction des racines s'y opère difficilement, et laisse le champ en très-mauvais état pour la récolte suivante. Si, au contraire, le terrain est léger, sablonneux, et que l'on veuille faire succéder aux betteraves un produit de printemps au lieu d'une céréale d'hiver, on peut retarder impunément de quelques semaines le moment de l'arrachage; on obtient ainsi une plus grande masse de racines et elles se conservent plus facilement.

La récolte des betteraves se fait ordinairement à bras d'homme. Lorsque les racines sont complétement enterrées, on emploie la bêche; mais pour les variétés qui sortent de terre ou dans les terrains très-légers, il suffit souvent de les tirer par les feuilles pour les détacher du sol. Quand on se sert de la bêche, un certain nombre d'hommes soulèvent la terre à quelques pouces de la plante. Un nombre égal de femmes ou d'enfants suivent et facilitent l'arrachement des racines en les tirant de bas en haut par les feuilles. D'autres personnes enfin, armées de couteaux bien tranchants, décollettent les sujets à la naissance de la partie foliacée, et les réunissent en tas où ils restent jusqu'à ce que les tombereaux s'en emparent pour les transporter en silos.

Quoique les ustensiles à main soient d'une application presque générale, une foule de cultivateurs s'accordent à reconnaître que leur usage est fort dispendieux et enlève une partie des bénéfices auxquels donne lieu la production des plantes à racines pivotantes. On a donc été à la recherche d'un moyen qui pût diminuer les frais de main-d'œuvre : le système que nous allons décrire résout la difficulté. Ce système consiste à remplacer les machines à bras par la charrue. On attelle à cet instrument deux ou trois chevaux selon la plus ou moins grande ténacité du sol et aussi suivant l'espèce de plantes qu'il s'agit d'extraire du sol. Cette disposition prise, on fait marcher dans les lignes, après en avoir enlevé le coutre et le versoir, la charrue munie de son soc seulement. (*Voir* fig. 17.) On

Fig. 17.

soulève ainsi la terre en même temps que les racines, de sorte que celles-ci, après avoir glissé sur le soc, retombent dans le sillon complétement dégagées du terrain.

Comme on peut s'en convaincre, l'opération est des plus faciles, s'effectue avec une régularité remarquable, et peut être confiée au premier laboureur venu. Dès que les produits sont soulevés par l'action de l'attirail, ils s'enlèvent très-facilement et n'éprouvent aucune blessure. On peut récolter de la sorte de 80 ares à un hectare de racines par jour à l'aide d'une seule charrue.

Si l'on examine maintenant l'opération quant à la manière dont elle est exécutée, on trouve que l'avantage est encore du côté du système nouveau. Ainsi, il est prouvé que les betteraves à sucre se trouvent beaucoup moins endommagées quand on emploie la charrue que lorsqu'on fait usage de la bêche ou du trident. La même chose existe pour les carottes, surtout pour la variété blanche à collet vert, qui s'enfonce profondément en terre et dont le tissu est fort tendre. Avec les instruments à main, non-seulement on les blesse, mais on laisse encore dans les couches inférieures du sol une partie importante de la récolte. Sans doute, il arrive parfois aussi que la charrue atteint l'extrémité inférieure des plantes, mais on évite cet inconvénient en donnant à l'attirail des dispositions convenables.

Nous avons vu employer avec succès, il y a quelques années, pour opérer l'arrachement des plantes-racines, la charrue ordinaire privée de son versoir. Les mauvais résultats obtenus de cette expérience eurent naturellement pour effet de condamner momentanément le mode que l'on cherchait à introduire dans la pratique. A force de tentatives, on est cependant parvenu à déterminer les règles qu'il convient d'observer pour avoir un travail parfait, régulier et tout à la fois rapide. Ces règles, les voici énumérées succinctement :

1° La charrue qu'on destine à l'arrachement de

la récolte doit être privée de son coutre et de son versoir ;

2° Le champ doit être attaqué par les extrémités où s'effectuent les tournées ; de cette manière on épargne les plantes qui s'y trouvent ;

5° L'instrument demande à rester penché vers la droite si le versoir jette la terre à gauche ; l'inverse aurait lieu, si, au contraire, les bandes étaient déposées du côté opposé ;

4° Le pied de la charrue doit être maintenu à une distance de vingt centimètres environ de la ligne qu'on veut extraire ;

5° Enfin, il faut que le soc de la charrue soit étroit et lourd, afin que la terre retombe dans le sillon au lieu d'être retournée sur elle-même, comme cela se présente dans les labours ordinaires.

L'observation rigoureuse de ces divers points constitue la seule difficulté de la méthode. Ce nouveau mode d'arrachement n'est plus d'ailleurs à l'état d'essai ; il est déjà répandu dans quelques parties de la province de Hainaut où l'on en fait le plus grand cas.

Il existe toutefois une circonstance où la substitution de la charrue aux instruments à main est nuisible, c'est quand on veut emblaver les champs de racines en céréales d'hiver, lorsque le temps est brumeux à l'arrière-saison. La terre, remuée par le soc, reste en effet plus humide que lorsqu'elle a été soumise à l'action de la bêche, et elle se prête mal au labour qui doit la préparer à recevoir l'ensemencement du grain.

En dehors de cet obstacle, dont les effets peuvent se faire sentir dans la pratique, le système d'arrachement que nous venons d'exposer devient très-recommandable.

Quelle que soit la méthode employée pour l'arrachage, dès que cette opération est terminée, on procède au décolletage des racines, c'est-à-dire qu'on coupe le collet. Cette suppression a pour but d'empêcher le développement de nouvelles feuilles lorsque les racines sont emmagasinées, développement qui se fait aux dépens des principes nutritifs. En opérant le décolletage, on enlève aussi l'extrémité des racines et on les débarrasse, aussi complétement que possible, de la terre qui les recouvre. Dans cette dernière opération, comme dans toutes celles où les ouvriers manipulent les racines, on doit veiller à ce qu'ils ne les heurtent pas les unes contre les autres, car il en résulterait des contusions qui les feraient pourrir. Si l'on manque de fourrage vert, on peut rentrer une partie des feuilles pour les administrer comme nourriture au bétail à cornes; mais quand on possède d'autres aliments en suffisance, il est préférable d'abandonner le produit du décolletage sur le sol, car si on l'enterre immédiatement il équivaut à un quart de fumure.

Naguère encore, l'opinion générale prescrivait de ne rentrer les betteraves que par un temps sec, et après qu'elles avaient été bien ressuyées au contact de l'air, mais de nombreux accidents sont venus démontrer tout ce que cette méthode a de vicieux. En effet, ces racines sont destinées par la nature à conserver leur principe vital jusqu'au printemps suivant, afin de fournir à une nouvelle végétation. En les laissant exposées pendant quelque temps à la sécheresse de l'air et à l'ardeur du soleil, elles s'échauffent, se dessèchent, se rident, et perdent une grande partie de ce principe, les fluides qu'elles contiennent fermentent, et un grand nombre d'entre elles pourrissent. Dans plusieurs grandes exploitations des provinces de Brabant, de Hainaut et de Limbourg, on emploie le procédé suivant dont on paraît s'être constamment bien trouvé. Aussitôt que les betteraves sont décolletées, on les réunit sur le sol en petits tas, assez distants les uns des autres pour que les voitures de transport puissent parcourir le champ sans les endommager ; puis on couvre chaque tas avec les feuilles pour préserver les racines de la sécheresse. Les betteraves restent dans cet état le plus longtemps possible, car on a remarqué que plus on tarde à les rentrer, mieux elles se conservent pendant la saison hivernale.

§ 11. — Conservation des produits.

Il est impossible, quand on cultive les racines sur une vaste échelle, de les placer dans les caves ou selliers de la ferme. On doit donc dans ce cas avoir recours aux silos, que l'on doit toujours pratiquer, si les circonstances le permettent, dans le champ même où s'est effectuée la récolte.

La conservation des betteraves peut se faire d'après différentes méthodes, mais il en est deux principalement dont on obtient d'excellents résultats. La première est celle qui consiste à creuser des fosses de dix mètres de longueur sur un mètre de largeur et autant de profondeur, dans un lieu à l'abri des inondations et de l'humidité. On remplit ces excavations de racines, puis on recouvre celles-ci d'une mince couche de terre d'abord, en ayant soin de ménager au milieu et à chaque extrémité du silo des cheminées d'air formées de torches de paille de douze à quinze centimètres de diamètre.

Quinze jours ou trois semaines plus tard, on remet une seconde couche de terre de 15 à 18 centimètres d'épaisseur, et à l'approche des fortes gelées, une troisième couche avec le restant des terres qui ont été extraites de la fosse. On doit enfin prendre la précaution de tasser avec le dos de la bêche les différentes couches de terre qui mettent les produits emmagasinés à l'abri des influences directes de l'air, afin d'empêcher la pluie de s'y infiltrer. C'est aussi pour cette cause qu'il est nécessaire de disposer les betteraves en forme de toit à la partie supérieure du silo, car sans cette condition les eaux du ciel ne pourraient s'écouler que difficilement. Une fosse ayant les dimensions spécifiées plus haut, contient environ 6,500 à 7,000 kilogr. de racines. Si la provision de racines en exige plusieurs, il est avantageux de les placer les unes à côté des autres dans le sens de la longueur, en ayant soin de laisser entre chacune d'elles une séparation de 25 à 50 centimètres de terre non remuée. De cette manière on évite que la pourriture ne se communique à la masse entière, dans le cas où elle viendrait à attaquer les produits de l'un ou l'autre compartiment.

La seconde méthode dont nous devons la description à nos lecteurs, est la suivante : on choisit à proximité de l'exploitation un champ bien sec et légèrement en pente, sur lequel on place les racines en un seul tas d'une longueur indéterminée, d'une largeur de deux mètres à la base, et d'une hauteur d'un mètre et demi. En formant le tas, on le monte en plan incliné et l'on a soin d'y placer verticalement, de distance en distance, soit tous les deux mètres, des fascines de petites branches vertes, dépassant de vingt-cinq centimètres la surface supérieure, pour faciliter la circulation de l'air et prévenir la fermentation.

Dès que la masse est ainsi établie, on la recouvre de six à sept centimètres de terre, que l'on presse avec le dos de la bêche afin d'empêcher l'infiltration de l'humidité. En prenant cette terre au pied du tas, on forme ainsi autour de sa base, une petite rigole qui facilite l'écoulement des eaux.

A l'approche de l'hiver, on ramasse une certaine quantité de feuilles d'arbres dont on forme une couche de dix centimètres sur toute la surface du tas. Ces feuilles sont à leur tour recouvertes d'une seconde couche de terre de la même épaisseur que la première, et que l'on bat de la même manière.

Ainsi préservées, les racines ne craignent ni les inondations, ni les fortes gelées, ni enfin la fermentation ; les frais de main-d'œuvre sont en outre diminués, et la rentrée des produits est beaucoup plus facile.

Ces deux procédés ont chacun leurs avantages et leurs défauts, mais il n'en existe point qui leur soient supérieurs, et à ce titre on peut les recommander avec confiance : les circonstances locales et certaines convenances particulières impossibles à prévoir, désigneront celui auquel doit être accordée la préférence.

Si l'on s'en rapporte aux résultats que l'on obtient dans les bonnes terres de notre pays, le rendement des betteraves peut être porté en moyenne à 40,000 kilogrammes par hectare. Il est des cas où ce produit atteint le chiffre de 50, de 60 et même de 70 mille kilogrammes, mais il en est d'autres, en revanche, où l'on parvient avec peine à réaliser la moitié de ces récoltes. Avec une bonne culture et en entourant la végétation de tous les soins qui ont été décrits plus haut, on doit toujours compter qu'un sol de fertilité moyenne, propre à donner 20 hectolitres de froment, rendra en betteraves un poids plutôt supérieur qu'inférieur à 40,000 kilogrammes par hectare. Ce sont là des données qui ont pour appui une longue expérience, et dont la pratique confirme chaque jour l'exactitude.

§ 12. — Maladies et animaux nuisibles.

Comme tous les autres végétaux qui rentrent dans le domaine de la culture, les betteraves sont sujettes à contracter certaines maladies et à périr sous l'action meurtrière des animaux nuisibles.

Parmi les maladies dont les conséquences sont le plus redoutables, nous signalerons l'altération qui a été signalée en France par MM. Payen et Dumas en 1846. Cette affection, dont on commence à se plaindre vivement en Belgique, mais particulièrement dans les provinces où la betterave est livrée à la fabrication du sucre, présente beaucoup de ressemblance avec la maladie des pommes de terre. Le fléau se constate d'abord par les nombreuses taches qui couvrent les feuilles, puis, s'il fait quelque progrès, il ne tarde pas à se déclarer parmi toute la plante. Des hypothèses nombreuses ont été faites sur les causes déterminantes de cette maladie, mais elles sont plus ou moins contredites par les faits. On ne connaît du reste aucun remède qui puisse être opposé victorieusement à ses ravages.

Un insecte très-petit, désigné sous le nom de *ver gris,* attaque les betteraves cultivées dans les sols tenaces et copieusement fumés. Les dégâts commis dès le début de la végétation s'étendent souvent en quelques jours sur toute la surface d'un champ. Le seul moyen de le détruire est l'emploi du rouleau Croskill (1); au moins est-il vrai de dire que l'on a obtenu de très-bons résultats, dans une foule de circonstances, en le faisant passer sur les terres immédiatement après l'apparition de cet insecte.

L'ennemi le plus redoutable pour la betterave est la larve du hanneton. Celle-ci attaque la végétation lorsqu'elle a déjà pris un certain développement, et à l'époque où les plantes dévorées ne peuvent plus être remplacées. Les feuilles se flétrissent immédiatement et l'on ne doit pas hésiter à arracher la racine pour détruire avec elle la larve, qui, sans cela, attaquerait successivement plusieurs plantes.

§ 13. — Usages et valeur.

La betterave a mérité à un double titre la grande importance que sa culture a acquise; d'abord par son application à la nourriture des bestiaux, qui permet, en fournissant les moyens d'en élever un plus grand nombre, d'en retirer une masse de fumier plus considérable et, par suite, de donner à la culture des terres un développement impossible à atteindre en dehors de ce système; en second lieu, en devenant l'élément d'une industrie nouvelle, l'extraction du sucre indigène, qui con-

(1) Pour la description et le dessin de cette machine, voir le *Traité des instruments aratoires* publié dans la *Bibliothèque rurale*.

tribue chaque jour davantage à enrichir le pays, qu'elle pourra affranchir entièrement du tribut onéreux que lui arrache le sucre colonial. Nous ne dirons rien ici de la betterave comme produit industriel ; notre tâche se bornera à parler de son rôle dans l'économie des animaux. C'est à ces détails que doivent s'arrêter nos observations.

La betterave est une excellente nourriture pour le bétail à cornes, pour les bœufs de travail, pour les bêtes à laine et pour les porcs ; elle favorise la production de la graisse plus que celle du lait, auquel elle communique, du reste, une saveur aromatique très-agréable : aussi conseille-t-on, lorsqu'on administre cette racine aux vaches laitières, de n'en pas mettre au delà du dixième de leur nourriture totale. Les moutons en mangent, mais moins volontiers ; il faut donc leur en donner modérément.

Pendant leur séjour dans les silos ou dans les caves, les betteraves se sont habituellement nettoyées d'elles-mêmes. Cependant elles sont rarement assez propres pour qu'on puisse se dispenser de les laver. Si, pour économiser de la main-d'œuvre, on se dispense de cette opération, qui est longue et coûteuse, on fait absorber aux animaux, en même temps que leur ration, une grande quantité de terre dont la présence dans les organes digestifs doit indubitablement gêner les fonctions de nutrition et d'assimilation.

Ce lavage se fait, comme on le sait, avec un cylindre à claire-voie (*voir* la figure suivante) tournant dans un bassin plein d'eau.

Le prix de ce travail varie beaucoup suivant la forme des produits et suivant la nature de la terre qui les entoure ; les racines à un seul pivot sont plus faciles à nettoyer que les racines bifurquées et irrégulières.

Fig. 18.

On remarquera encore que les betteraves ne peuvent être données entières aux animaux ; il faut nécessairement les diviser en petits morceaux appropriés à la bouche des consommateurs. Cette réduction des betteraves se fait de différentes manières ; le mode le plus simple consiste à les couper avec un couteau, mais cet instrument est remplacé aujourd'hui avec avantage par des machines plus puissantes et plus expéditives, que l'on appelle *coupe-racines*. Le couteau est le coupe-racines du petit cultivateur, qui n'a que peu de bétail à nourrir et peu de racines à hacher. C'est le mode le plus lent et le plus incommode, surtout si les betteraves sont grosses et sales. Dans ce cas, l'ouvrier éprouve dans les mains et les poignets des résistances qui sont d'autant plus pénibles qu'elles portent sur des surfaces restreintes; il a, en outre, l'inconvénient d'avoir les mains mouillées et salies par la boue dans une saison où la température est généralement basse.

Un homme en une minute hachera avec un couteau 1/25 d'hectolitre; il hachera avec le coupe-racines 1/3 d'hectolitre. Le coupe-racines, sous le rapport de la promptitude du travail, sera donc huit fois plus avantageux que le couteau. Mais il présentera d'autres avantages : l'ouvrier peut se garantir du froid avec des gants, sans se mouiller ni se salir les mains; le travail sera plus régulier. Le couteau, au contraire, fournit des morceaux de toute forme et de toutes dimensions. Pour les bêtes à cornes et les moutons, certains morceaux seront trop grands ou trop petits.

Jusqu'à présent on a attaché peu d'importance à la forme des morceaux produits par les coupe-racines : c'est un tort; des betteraves hachées d'une certaine façon peuvent n'être pas aussi bonnes ni aussi nutritives que si les morceaux affectaient une autre forme. Nous savons tous avec quelle rapidité la betterave hachée s'altère et noircit à l'air; le jus mis à nu par la rupture des cellules est en contact immédiat avec l'air, qui le décompose et l'altère. La betterave hachée se décompose comme les jus que l'on voulait rendre inaltérables à l'air par le procédé Melsens. Les morceaux altérés à l'air sont mangés moins volontiers par les animaux; ils doivent aussi avoir perdu une certaine partie de leur faculté nutritive. Plus le mode de hachage multipliera les surfaces exposées à l'air, plus la perte sera considérable. Pour un même volume, les morceaux ronds offrent moins de surface extérieure que les morceaux carrés ; le carré sera, sous le même rapport, plus avantageux que le carré long.

Mais les morceaux ronds sont difficiles à engendrer par le coupe-racines ; ils auraient, en outre, l'inconvénient d'exposer les animaux à s'étrangler. C'est donc la forme carrée ou celle qui s'en approchera le plus qu'il faudra adopter ; la largeur des morceaux et la longueur étant déterminées par les dimensions de la bouche des animaux, l'épaisseur devra être aussi forte que possible.

La plupart des coupe-racines belges présentent l'inconvénient de donner trop de surface aux morceaux ; ils découpent les tranches beaucoup trop minces. Les Anglais ont été les premiers à imaginer des instruments qui font des morceaux épais ayant la forme de carrés longs. Le coupe-racines Gard'ner, que nous croyons utile de représenter ici par une figure spéciale, et dont on a entrepris la fabrication

Fig. 12.

dans les ateliers de Haine-Saint-Pierre, satisfait parfaitement à cette dernière condition.

Une autre machine également recommandable, c'est le coupe-racines a disque rotatif (fig. 20).

Fig. 20.

Au moyen de cet appareil, on peut aussi couper à volonté en tranches ou en fragments carrés.

Il nous reste, pour finir, à parler de la valeur qui doit être assignée à la betterave dans les exploitations rurales. Les calculs que nous allons fournir à cet égard paraîtront nécessairement donner prise à la contestation par le motif qu'ils ne reposent que sur des faits isolés, mais il sera facile néanmoins d'arriver à des approximations assez justes pour l'objet que l'on doit avoir ici en vue.

D'après plusieurs auteurs qui se sont livrés à une foule d'essais comparatifs sur la nutrition des animaux, le foin serait à la betterave comme 100 est à 250, c'est-à-dire que pour remplacer 1 kilogr. du premier aliment, il en faudrait 2 1/2 du second.

Suivant M. Boussingault, 4 parties de betteraves champêtres représenteraient seulement 1 de foin. M. de Gasparin croit être plus près de la vérité en fixant leur rapport respectif de 5 à 1. Si l'on admet l'évaluation de ce dernier auteur, un hectare de terre produisant 40 mille kilogr. de betteraves donnerait l'équivalent de 8,000 kilogr. de foin ou le double environ de ce que fournissent d'excellentes prairies de même étendue. A ce compte, et en estimant le foin à raison de 6 francs les 100 kilogr., la valeur réelle de l'hectare de betteraves serait de 480 francs.

Le système qui consiste à employer la betterave à l'engraissement du bétail à cornes, en mélange avec des tourteaux de lin et de colza ou avec des farines quelconques, donne lieu à peu près aux mêmes résultats. Une expérience de huit années a prouvé, en effet, que, par ce moyen, l'industrie de l'engraissement paye les 100 kilogr. de racines à raison de 15 francs, sans compter les déjections animales qui en proviennent et dont la valeur comme engrais est fort élevée. Le rendement d'un hectare de betteraves équivaudrait donc, dans ce cas encore, à une valeur moyenne de 520 francs. De pareils produits n'ont pas besoin de commentaires : ils sont assez éloquents d'eux-mêmes pour justifier la haute importance que l'on attache aujourd'hui à la culture des plantes-racines.

CHAPITRE VI.

DE LA CAROTTE.

La carotte n'est pas seulement pour l'homme une nourriture saine, agréable et légère ; c'est aussi un des meilleurs aliments fourragers que l'on puisse donner aux bestiaux. Lorsqu'ils y sont habitués, ils paraissent le préférer à tous les autres, même à l'avoine. Le principe aromatique et excitant qu'elle contient lui assure l'avantage sur la pomme de terre, les navets et la betterave. Elle renferme, à poids égal, un peu moins de parties nutritives que la pomme de terre, mais son produit est beaucoup plus considérable, et compense largement cette différence. Les chevaux en sont surtout très-avides ; elle donne en outre au lait et au beurre une qualité supérieure ; enfin elle est pour les brebis, les agneaux et les porcs un excellent fourrage. Ses fanes très-abondantes sont aussi fort recherchées par la plupart des animaux.

§ 1er. — **Variétés**.

Les diverses sortes de carottes cultivées peuvent être toutes rapportées à une seule espèce, la *carotte commune*. Les variétés les plus propres à la grande culture sont les suivantes :

1° *Carotte blanche à collet vert.* —Racine très-allongée, blanche, sortant de terre, collet vert.

2° *Carotte rouge longue, à collet vert.* — Racine également allongée, ayant beaucoup d'analogie avec la précédente, sortant de terre et paraissant, comme elle, très-productive.

3° *Carotte rouge d'Altéringham.* —Cette variété a été, sinon introduite, du moins répandue en Belgique par les soins du gouvernement. Elle devient moins longue que les variétés à collet vert, mais acquiert plus de grosseur.

4° *Carotte rouge des Flandres.* —Racine moins allongée que les deux premières, mais paraissant plus convenable pour les cultures dérobées.

Il existe beaucoup d'autres variétés encore dont l'usage peut être plus ou moins bien approprié à certaines natures de terrain, et qui, par ce motif, jouissent de quelques avantages spéciaux. Nous nous dispenserons cependant de les énumérer, afin de ne point étendre inutilement les limites dans lesquelles doit être renfermé ce travail. Ajoutons seulement, pour conclure, que sous le rapport du rendement la carotte blanche à collet vert l'emporte de beaucoup sur les autres variétés et semble les bannir toutes des cultures où elle a été une fois essayée. C'est donc à elle que nous conseillons d'avoir recours chaque fois que l'on veut semer cette racine en plein champ pour en obtenir des récoltes considérables.

§ 2. — Terrain et engrais.

Comme presque toutes les plantes dont la racine forme le principal produit, les carottes demandent un sol meuble, ou du moins une terre dont la compacité n'offre pas trop de résistance à l'extension de ses organes nourriciers. On ne doit pas conclure de là, cependant, que les sols légers et sablonneux soient les seuls qui conviennent à ce végétal; il réussit également sur les terres de consistance moyenne, même un peu argileuses, pourvu qu'elles se laissent bien ameublir par des cultures préparatoires. Dans l'argile pure ou dans les champs glaiseux, au contraire, la carotte est exposée à de nombreuses chances d'insuccès : si la couche arable d'un pareil sol est humide, les racines y pourrissent; si elle est sèche et resserrée, les végétaux ne peuvent s'y développer. On évite aussi de placer la carotte dans les terrains pierreux ou graveleux, parce qu'ils s'opposent au libre accroissement des racines et augmentent, hors de toute proportion, les dépenses de sarclage. Enfin, comme la racine de cette plante acquiert beaucoup de longueur, on la cultive de préférence dans les sols profonds.

La carotte est généralement peu épuisante, sans doute parce qu'elle ombrage le sol de son épais feuillage, et qu'on ne l'y laisse pas monter à graine. Cependant elle exige, comme la betterave, une terre assez riche, ou tout au moins bien amendée. Les engrais qui lui conviennent le mieux sont le fumier de basse-cour, le guano, la colombine et les tourteaux; mais on a malheureusement reconnu que les terres fraîchement engraissées avec la première de ces substances donnent aux racines une odeur désagréable. Il est à observer en outre que, dans ce cas, les plantes se bifurquent et ont à combattre l'influence des herbes parasites dont le fumier a apporté les germes dans le sol; et plus d'une fois les carottes, épuisées dans la lutte, ont été forcées de céder la place : c'est ce qui arrive fréquemment quand la main de l'homme ne vient pas à son secours.

Placé dans cette alternative, le cultivateur doit donc, de préférence, fumer abondamment la récolte qui précède les carottes, afin que celles-ci, tout en profitant de l'engrais qui reste dans la terre, ne se trouvent point cependant en contact avec un fumier non décomposé. Si l'on n'a pu se ménager cet avantage, on aura du moins la précaution de n'appliquer à la récolte que des engrais bien consommés, ou des substances pulvérulentes, telles que guano, etc., répandues non sur toute la surface, mais tout autour de la semence.

§ 3. — Place dans les assolements.

La carotte peut être cultivée de deux manières, soit comme récolte principale, c'est-à-dire occupant seule le terrain, soit comme récolte dérobée, c'est-à-dire sur un terrain déjà emblavé d'un autre produit. Nous n'examinerons ici que la première méthode, notre intention étant de spécifier, dans un paragraphe spécial, tous les détails qui se rattachent à la culture intercalaire.

La nécessité où l'on se trouve d'ameublir profondément le sol destiné à recevoir les carottes, les sarclages nombreux que réclame cette plante pour prospérer, les fumures dont on doit la gratifier, tout, en un mot, indique qu'elle doit ouvrir la rotation. Cependant, si l'on opère dans une culture où l'on a adopté depuis quelque temps un assolement alterne bien entendu, il n'y a nul inconvénient à la faire venir entre deux céréales ou entre deux récoltes de nature différente, pourvu que la couche de terre arable ne soit pas trop infestée de mauvaises herbes. En supposant, par exemple, que l'on puisse disposer d'un champ de colza qui aurait reçu une fumure avant d'avoir été livré à la production de cette oléagineuse, aucun obstacle ne s'opposerait à ce que l'on y semât, l'année suivante, des carottes en culture principale. Nous en dirons autant des féveroles qui constituent une excellente préparation pour les racines.

Peu de plantes, au reste, s'accommodent mieux que les carottes du terrain où on les place. Elles s'intercalent avantageusement entre la plupart des végétaux, et nettoient, ameublissent et préparent merveilleusement le sol pour les récoltes qui la suivent immédiatement. Elles peuvent aussi, par le même motif, précéder utilement la formation d'une prairie artificielle, où elles tiennent pour ainsi dire lieu de jachère. Le froment et l'avoine donnent surtout après ces végétaux des produits très-nets et très-abondants lorsqu'ils sont semés en temps opportun. Enfin, sa culture peut être réitérée plusieurs années de suite sur le même champ, quoique d'après les principes de l'assolement alterne cette pratique ne nous paraisse pas généralement recommandable.

§ 4. — **Préparation du sol et semis**.

Il faut à la carotte un sol profondément ameubli et surtout privé de plantes nuisibles. Pour remplir cette double condition, on donne à la terre un mode de préparation semblable à celui que nous avons recommandé pour la betterave. Une excellente précaution à prendre, c'est de commencer les défoncements par les parcelles de l'exploitation qui doivent être emblavées de carottes au printemps. Jamais, en effet, on ne saurait labourer la terre de trop bonne heure en automne, car il faut chercher autant que possible à avoir, dès les premiers jours de printemps, la couche arable entièrement pulvérisée. Or, rien n'est plus efficace, sous ce rapport, que l'action de l'air ou que l'influence combinée des pluies, de la neige, des gelées et de la sécheresse.

Aussitôt que le terrain peut souffrir la présence de la charrue et de la herse, c'est-à-dire quand le soleil du printemps a suffisamment ressuyé la surface du sol pour permettre les cultures préparatoires, on donne au champ une première façon, soit à l'aide de la charrue, soit au moyen de l'extirpateur. On fait ensuite passer la herse et le rouleau jusqu'à ce que les mottes de terre soient complétement pulvérisées.

Les semis s'effectuent ordinairement à la fin de mars ou dans la première quinzaine d'avril. On peut, sans doute, encore obtenir d'excellentes récoltes en attendant jusqu'au mois de mai pour pratiquer les ensemencements, mais alors on retarde la récolte et l'on est ainsi obligé de faire succéder aux carottes un produit d'été, ce qui offre, dans beaucoup de circonstances, de très-graves inconvénients. Pour éviter le préjudice que cause ce retard, quelques cultivateurs sèment en février, sans avoir égard ni à l'état du sol, ni à l'élévation de la température. Ce système n'est pas plus avantageux que le précédent, car la germination étant arrêtée par les derniers froids, se fait avec autant de lenteur que d'irrégularité, et les jeunes plantes restent longtemps exposées à l'envahissement des herbes nuisibles; en outre, on a moins de temps pour préparer le sol. Comme la carotte exige des soins d'entretien plus minutieux et plus multipliés que les autres racines fourragères, on doit tout faire pour rendre ces travaux le moins coûteux possible, et c'est dans ce but qu'on sème invariablement en lignes. Les instruments employés dans cette circonstance sont le semoir-brouette dont nous avons déjà donné le dessin, le semoir à cheval et le plantoir mécanique. Quant à l'avantage qu'il peut y avoir à employer de préférence l'une ou l'autre de ces machines, il est exactement le même que celui dont nous avons fait mention en parlant des semis de betteraves.

Pour donner des produits satisfaisants, les carottes demandent à être placées à une certaine distance les unes des autres. Les lignes doivent donc être séparées par un espace de 45 à 55 centimètres selon la richesse du terrain, mais si l'on observe rigoureusement cette règle, il n'y a aucun inconvénient à laisser les plantes très-serrées dans les rayons.

On a reconnu, en effet, que ces racines ne souffrent pas, au même degré que les autres, de leur voisinage réciproque, et si l'on conserve entre chaque ligne le même espace de terrain que pour les betteraves, c'est moins dans le but de hâter le développement des organes feuillus que de faciliter les sarclages et les binages dont la récolte éprouve un besoin si impérieux pendant sa croissance.

Nous avons déjà laissé entrevoir que celui qui cultive les carottes doit s'attendre et se préparer à des travaux d'entretien minutieux. Cette plante a, en réalité, une enfance longue et laborieuse : elle est très-lente à sortir et reste parfois 30 à 40 jours en terre avant de se montrer à la surface. Pendant que la végétation se traîne, lente et pénible, jusqu'aux premières chaleurs du printemps, les chiendents, les sénevés, etc., se multiplient avec rapidité; ils ne tardent pas à prendre possession de toute la superficie, et il faut de toute nécessité les détruire et les emporter. Les carottes, lorsqu'elles ne possèdent encore que leurs premières feuilles, ont d'ailleurs tant de ressemblance avec certaines herbes adventices qui croissent au milieu d'elles, que les ouvriers, peu habitués au port de cette plante, les confondent souvent.

Cependant, il existe un moyen fort simple de prévenir les difficultés que fait naître l'envahissement des mauvaises herbes, à l'époque où les bonnes plantes n'ont donné encore aucun signe d'apparition. Ce moyen consiste à répandre, en même temps que la semence, une certaine quantité de graine de colza ou de navets dont la levée est beaucoup plus rapide. De la sorte, les lignes sont marquées en moins de huit jours, et quoique les jeunes carottes aient à peine germé au sein de la terre, on peut déjà détruire les végétaux nuisibles en pratiquant dans les allées un premier sarclage à la houe à cheval ou au rayonneur-sarcloir.

§ 5. — Soins à donner pendant la végétation.

Le procédé que nous venons de faire connaître indique que la première façon à donner doit avoir lieu aussitôt que les circonstances le permettent

Il faut, à tout prix, empêcher le semis d'être étouffé ; c'est là le point essentiel, car lorsque cette condition est remplie, on voit les plantes prospérer immédiatement et acquérir de la force en même temps que de la vigueur. Ce premier travail terminé, on abandonne le champ jusqu'à ce que les carottes aient développé plusieurs feuilles. On éclaircit alors la végétation ; armés de couteaux à sarcler, les travailleurs se mettent à genoux, coupent les plantes superflues de manière à laisser entre elles un espace de 15 à 18 centimètres (5 à 6 pouces) et extirpent toutes les mauvaises herbes qui entourent les plantes conservées ou qui se trouvent le long des lignes ; un second sarclage, effectué à l'aide de la houe à cheval, nettoie et ameublit ensuite l'intervalle des rayons.

Quinze jours ou trois semaines après, lorsque les mauvaises herbes ont reparu ou que la surface s'est de nouveau durcie, on donne encore un binage ; puis, quand les racines ont atteint une circonférence de huit ou dix centimètres, on termine par un buttage qui amoncelle la terre au pied des plantes. Si le sol se durcit par l'action successive des pluies et de la sécheresse, un second binage devient quelquefois nécessaire, mais il est prudent, dans ce cas, de ne donner aux socs de la houe qu'une faible profondeur, afin de ne pas déranger les petites racines latérales qui partent de chaque tronc.

Il arrive parfois que des vides considérables se manifestent sur les lignes, soit parce que les graines n'ont pas germé, soit parce que les jeunes plantes ont été détruites ; la carotte ne supportant pas le repiquage, il faudra alors labourer ou bêcher les espaces avec soin, puis y repiquer des betteraves.

A cet effet, on établit à l'avance une petite pépinière qui fournit les plants nécessaires.

§ 6. — Culture en récolte dérobée.

Cette culture a lieu principalement dans les Flandres ainsi que dans une partie des provinces d'Anvers et de Brabant, où l'on sème les carottes sur des terres déjà emblavées d'autres plantes en pleine croissance. On choisit, pour pratiquer cette méthode, des terres richement fumées, et l'on repand de préférence la graine dans les champs couverts de récoltes qui puissent procurer un ombrage salutaire à la jeune végétation sans l'étouffer, et qui mûrissent d'assez bonne heure pour lui permettre ensuite d'atteindre tout le développement dont elle est susceptible. Le colza d'hiver, le lin et le seigle sont les végétaux qui s'associent le mieux avec la carotte.

On procède aux travaux de la semaille dès que l'on n'a plus à craindre les gelées. Si l'on sème dans une récolte d'hiver, la graine doit être répandue dès les premiers beaux jours du printemps; si le semis a lieu dans une terre destinée à porter une récolte d'été, telle que lin, navette, etc., la graine est confiée au sol en même temps que celle du produit principal.

Jusqu'ici les cultivateurs ont toujours cru que le semis à la volée était le seul procédé qui pût être suivi avec avantage pour les récoltes intercalaires; mais des expériences récentes ont démontré que les semailles en lignes ont aussi leur mérite dans une foule de circonstances : outre qu'elles augmentent le rendement des racines, elles ont encore pour effet de diminuer les frais de sarclage et facilitent l'arrachement des plantes à l'époque de la récolte. Si l'on rencontre certaines difficultés à déposer la semence en rayons dans les emblavures déjà avancées au printemps, telles que seigle et colza, rien ne s'oppose au moins à ce que l'on fasse usage du semoir ou du plantoir sur les champs de lin et de navette immédiatement après la levée de ces plantes. Comme les graines ne se trouvent pas dans des conditions favorables à la germination lorsqu'on sème à la volée, il est prudent d'en répandre au moins 4 kilogrammes par hectare, si l'on veut avoir la surface bien garnie. Quand ces graines sont déposées en rayons à l'aide de machines spéciales, on peut n'employer que la quantité désignée pour les cultures en récolte principale, soit trois kilogrammes par hectare.

Les carottes semées au milieu d'une autre denrée se traitent à peu près comme les autres, à l'exception que l'espacement, les sarclages et les binages se font à la herse. Aussitôt que la récolte principale est enlevée, deux chevaux attelés à cet instrument parcourent la terre en tous sens pour détacher du sol les chaumes et les mauvaises herbes, après quoi on réunit celles-ci et on les transporte hors du champ. On donne ensuite un troisième hersage énergique qui équivaut à un binage. Les carottes ne souffrent pas de ces opérations.

S'il s'agit d'un champ de colza, de navette ou de pavot, et que la semaille des plantes-racines se soit faite en lignes, on arrache les tiges à la main, puis on sarcle à la houe à cheval, l'on éclaircit les places trop garnies et l'on termine par un buttage. Seulement, comme la végétation devient moins vigoureuse que celle résultant d'une culture isolée, on laisse les plantes un peu plus épaisses dans les lignes. A ce moment, si l'on peut disposer d'une certaine quantité de purin, il est bon d'en arroser la récolte ; cet engrais produit d'excellents résultats.

§ 7. — Récolte et rendement.

Les carottes en récolte principale atteignent ordinairement leur maturité dans la première quinzaine d'octobre. Cependant il est des cas où, sous l'influence d'un été à la fois chaud et sec, l'accroissement des racines est resté comme suspendu. S'il survient alors à la fin du mois d'août ou au commencement de septembre des pluies fréquentes, les plantes recommencent une nouvelle végétation qui se continue jusqu'aux froids, et pendant laquelle elles acquièrent un volume d'au moins un tiers plus considérable que celui qu'elles avaient auparavant. Cette suspension et cette recrudescence de végétation, qui ne se manifestent qu'accidentellement dans les terres substantielles et un peu fraîches, se remarquent souvent là où les terres ne présentent pas ces deux qualités. Aussi y a-t-il, en général, avantage à retarder le plus possible la récolte, chaque fois qu'on ne se trouve pas dans l'obligation de préparer le sol pour y ensemencer des céréales ou d'autres plantes hivernales.

Quant aux carottes cultivées en récolte dérobée, il y aura encore plus de profit à en retarder l'arrachage, car leur croissance ayant été un peu entravée au printemps, elle a besoin de se prolonger davantage. Par ce système, on ne peut avoir d'autre chance à courir que de gagner sur la quantité, puisque les carottes supportent jusqu'à un certain point l'action d'une première gelée sans en souffrir. Il est bon, du reste, d'attendre, pour enlever les carottes du sol, que la température se soit refroidie; on parvient ainsi à les conserver plus longtemps.

La meilleure méthode d'arrachement est celle que nous avons détaillée en parlant de la récolte des betteraves; il est seulement à remarquer que la charrue, dont nous avons conseillé l'emploi, ne soit applicable qu'aux produits semés en lignes; pour ceux qui sont semés à la volée, on fait usage d'une bêche ou d'une fourche bien solide. Aussitôt que les racines sont extraites, on procède au décolletage; cette amputation ne doit pas se borner au retranchement des feuilles, il faut séparer entièrement le collet et couper un peu dans le vif, afin que le tronc ne donne plus naissance à de nouveaux jets : c'est une précaution indispensable pour les carottes que l'on veut conserver. On ne doit point chercher à dépouiller les racines de la terre qui les entoure; si cette terre n'est pas par trop compacte ou dans une proportion trop forte, elles ne s'en maintiennent qu'en meilleur état.

La carotte est, de toutes les racines cultivées, celle dont le produit est le moins variable sous l'influence des agents atmosphériques. Ses radicelles, qui pénètrent à une grande profondeur, lui permettent de résister à de longues sécheresses, lors même que, dans d'autres plantes, la végétation paraît comme suspendue. Il serait néanmoins difficile de déterminer, d'une manière exacte, ce que donne en poids un hectare de terre, car le rendement varie non-seulement d'après le climat et les qualités du sol, mais encore en raison des soins que l'on accorde aux plantes pendant leur croissance. Dans un terrain qui produirait 50,000 kilogrammes de betteraves, on peut compter, en général, sur 40,000 kilogrammes de carottes, lorsque ces racines sont cultivées en récolte principale. Enfin, il existe un autre moyen d'évaluation, moyen tiré exclusivement de la pratique et qui permettra au cultivateur de faire ses évaluations sans avoir pour base aucun précédent : c'est d'admettre qu'une terre possédant les qualités et la richesse nécessaires pour donner 20 à 22 hectolitres de froment, produira toujours un rendement d'au moins 30 à 35 mille kilogrammes de carottes. Quant au poids que l'on obtient des récoltes dérobées, il est naturellement moins élevé. Enfin le produit des feuilles, y compris celui du décolletage, égale environ le tiers du produit des racines.

§ 8. — Conservation des produits.

Les carottes se conservent d'après les mêmes principes et d'après les mêmes procédés que la betterave ; cependant, comme elles s'échauffent et entrent plus facilement en putréfaction que cette dernière, il est prudent de diminuer la profondeur des silos afin de les réunir en moins grande masse. Dans le but de prévenir la fermentation, on établit aussi sur toute la longueur du silo ou du tas un courant d'air formé au moyen de petites gerbes de paille que l'on fait sortir aux deux extrémités après les avoir solidement attachées les unes aux autres.

§ 9. — Usages et valeur.

Ainsi que nous avons eu lieu de le faire remarquer plus haut, la carotte est utilement employée dans l'alimentation de tous les animaux domestiques. Elle peut remplacer l'avoine ou se substituer en partie au foin pendant toute la saison hivernale, et forme alors un aliment sain, agréable et nutritif. C'est surtout dans l'entretien des élèves qu'elle doit jouer un rôle important; car, sous ce rapport, aucune autre plante ne peut lui être comparée et ne favorise davantage le développement des jeunes sujets. On prétend, à la vérité, que ce genre de nourriture rend les chevaux mous, lymphatiques et impropres au travail, mais c'est encore là un de ces préjugés, une de ces erreurs que le temps parviendra à détruire, lorsque des tentatives sérieuses et des essais comparatifs auront été entrepris sur une échelle quelque peu étendue.

Avant d'être administrées aux animaux, les carottes demandent à subir les mêmes préparations que les betteraves, c'est-à-dire qu'elles doivent être réduites en tranches après avoir passé, au préalable, par l'opération du lavage. On se sert pour l'exécution de ces travaux, des diverses machines dont il a été fait mention antérieurement. Il est essentiel aussi de ne pas attendre trop longtemps pour distribuer les racines à l'écurie ou à l'étable; car dès que la température commence à s'élever au printemps, les feuilles repoussent et la masse entière s'altère.

Lorsque la carotte est envisagée au point de vue exclusif de l'alimentation du bétail, sa valeur ne peut être appréciée ni déterminée que par comparaison. Nous exposerons donc ici, comme cela a été fait pour la betterave, quelques données précises, confirmées par l'expérience, et à l'aide desquelles chacun pourra comprendre le rôle qu'est destiné à jouer dans l'économie rurale le produit dont la culture vient d'être décrite. Voici ce petit calcul, calcul bien simple et bien élémentaire, comme on va le voir.

Pour nourrir convenablement un cheval pendant l'hiver, on doit, dans les circonstances ordinaires, lui donner en trois fois une ration journalière composée de 4 kilogrammes d'avoine, 6 1/2 kilogrammes de fourrage sec et 1 1/2 kilogramme de paille; en tout, 11 kilogrammes, poids réel, équivalent à 15 kilogrammes de foin.

Le prix du foin de prairie naturelle pouvant être porté, d'après une moyenne de plusieurs années, à raison de 60 francs les mille kilogrammes, soit six centimes le kilogramme, il s'ensuit que l'entretien des chevaux, par le système actuellement en vigueur, revient à 90 centimes par tête et par jour.

Voyons maintenant ce que coûte cet entretien lorsque la carotte forme la base de la nourriture. Un champ placé dans des conditions de fertilité ordinaire, produit environ 55 mille kilogrammes de racines par hectare. Les frais de culture, c'est-à-dire la rente du sol, l'engrais absorbé, les labours, les hersages, la semaille, les sarclages, l'arrachement, etc., pour une même étendue de terre, ne s'élèvent pas au-dessus de 240 francs, de sorte que le prix de revient du kilogramme de carottes n'est au maximum que de sept dixièmes de centime.

Un cheval qui reçoit 25 kilogrammes de racines

et 4 kilogrammes de foin par jour, acquiert plus d'embonpoint et produit une somme de travail aussi considérable que celui auquel on donne une ration de 15 kilogrammes de foin ou de 8 kilogrammes d'avoine. Or, d'après les bases établies ci-dessus, ces 29 kilogrammes de carottes et de foin s'obtiennent au prix de 42 centimes seulement, ce qui constitue une réduction de plus de moitié sur la dépense occasionnée par la nourriture journalière de l'animal.

En examinant les choses sous un autre point de vue, on peut mieux faire comprendre encore la haute importance de la culture des racines. Supposons un moment qu'on puisse entretenir un cheval uniquement avec des carottes, sans faire intervenir aucun autre fourrage dans la nourriture. La ration devrait alors être augmentée de 10 kilogr., c'est-à-dire qu'elle serait portée chaque jour à 35 kilogrammes, et, à ce compte, il y aurait dans le produit d'un hectare de racines, mille rations, lesquelles, évaluées à 90 centimes chacune, équivaudraient à une somme de 900 francs ou trois fois plus que le rendement ordinaire de l'avoine.

Avec de tels éléments d'appréciation, il est facile de voir combien est considérable la perte que l'on éprouve à entretenir au moyen de foin ou d'avoine les animaux domestiques et particulièrement les chevaux pendant l'hiver, saison où le travail est pour ainsi dire nul dans la plupart des fermes.

Au reste, le système que nous recommandons est déjà suivi par un grand nombre de cultivateurs éclairés. Tous ceux qui l'ont admis sans restriction se félicitent des beaux résultats qu'ils en obtiennent et s'accordent à considérer l'ancien mode d'alimentation comme une pratique ruineuse, comme un gaspillage déporable auxquels on sera forcé tôt ou tard de mettre un terme.

CHAPITRE VII.

DES NAVETS.

Les navets appartiennent au genre *chou* et à la famille naturelle des *crucifères*. Peu de plantes ont été l'objet, dans leur classification, de confusions pareilles à celles qui ont régné sur celles-ci. Non-seulement cette confusion existe dans les noms vulgaires, singulièrement multipliés par les désignations locales, mais les botanistes eux-mêmes n'ont guère été plus d'accord dans leurs nomenclatures, et la synonymie de ce genre chou a été singulièrement embrouillée. Pour nous mettre à l'abri de ces inconvénients et éviter toute question de science, qui serait évidemment déplacée dans un traité purement pratique, nous comprendrons, sous la dénomination générale de navets, les produits que l'on nomme en Belgique, en Angleterre, eu Hollande et en France, suivant les localités, *raves, turneps, rabioules, choux-navets,* etc. Nous ferons seulement une distinction en faveur du *rutabaga* ou navet de Suède, espèce qui possède des caractères particuliers et dont la culture s'effectue d'une manière tout à fait spéciale ; ce dernier produit sera d'ailleurs passé momentanément sous silence, notre intention étant de lui consacrer plus loin un chapitre supplémentaire.

§ 1ᵉʳ. — Variétés.

Le navet le plus anciennement cultivé est celui qui a une forme ronde et aplatie et qu'on désigne en Angleterre sous le nom de *turneps*. Les variétés les plus estimées pour la grande culture sont les suivantes :

1° *Navet de Hollande,* hâtif, racine volumineuse, chair blanche et collet vert hors de terre.

2° *Navet long, rouge et blanc* (navet rose du Palatinat). Partie supérieure violette, partie inférieure blanche; très-productif en racine.

3° *Navet d'Alsace à tête verte.* Racine très-grosse, sortant un peu de terre, la partie supérieure verte, l'inférieure blanche.

4° *Navet blanc de Norfolk* (white globe Norfolk turneps). Chair blanche, racine volumineuse et très-savoureuse.

5° *Navet rouge d'Auvergne.* Racine aplatie, globuleuse, à collet rouge; réussit dans les terrains calcaires.

6° *Navet jaune d'Écosse,* entièrement jaune, résiste très-bien au froid.

7° *Navet jaune à tête pourpre.* Collet violet, chair jaune; réussit dans les terrains calcaires.

8° *Navet blanc,* dit navet des vertus, très-estimé dans les Flandres; racine presque aussi grosse au sommet qu'à la base.

9° *Le navet hybride jaune d'Angleterre.* Racine consistante et volumineuse.

Les variétés les plus précoces sont le navet rouge

d'Auvergne et celui de Hollande hâtif. Les meilleurs pour les semis effectués de bonne heure sont le navet blanc de Norfolk et le navet hybride jaune d'Angleterre. Les plus convenables pour être semés en récolte intercalaire sont le navet d'Alsace et celui de Norfolk.

§ 2. — Climat, terrain et engrais.

Les navets se plaisent particulièrement sous un ciel brumeux et une atmosphère humide; c'est ce qui explique le grand succès de leur culture en Angleterre et dans les contrées dont le climat présente les mêmes caractères de température. Mais si cette plante aime l'humidité dans l'atmosphère, elle la redoute dans le sol; elle préfère les terrains légers ou de consistance moyenne, qui ne sont pas exposés à la sécheresse, et surtout ceux qui sont de nature calcaire. Dans ces conditions, le navet végète vigoureusement; mais il présente l'inconvénient de monter en graine quand il reçoit une trop grande somme de chaleur durant sa croissance. Ainsi, il ne pourrait pas, comme la betterave, être semé au printemps pour profiter de l'humidité de l'automne; il formerait sa tige et mûrirait à l'époque où se font les récoltes de colza et de seigle.

La richesse du navet en carbone indique que les engrais de ferme doivent lui être favorables; aussi le fumier contribue-t-il beaucoup à sa prospérité. Il réussit également sur les écobuages, sur les défrichements, sur les terres possédant de vieil engrais. Le chaulage et le marnage, dans les sols non calcaires, sont d'un très-bon effet sur le développement de ce végétal; il en est de même des engrais riches en chaux, en potasse et en soude, tels que les os, le noir animal, les cendres, la poudrette. En Angleterre, on préfère à tous les engrais la poussière d'os, qu'on remplace maintenant par une substance analogue désignée sous le nom scientifique de *superphosphate*.

D'après M. de Gasparin, 100 kilogrammes de racines de navets absorbent dans le sol l'équivalent de 60 kilogrammes de fumier. Si l'on porte le rendement moyen d'un hectare à 30 mille kilogr. de racines et à 12 mille kilogrammes de feuilles, il en résulterait que cette récolte enlèverait au sol 18 mille kilogrammes d'engrais. A ce compte, on devrait attribuer aux navets des facultés absorbantes très-prononcées, et le mérite de leur culture se trouverait de la sorte considérablement amoindri. Mais il est difficile de croire qu'une plante qui recouvre si complétement le sol par son feuillage abondant, n'emprunte pas une forte partie de sa nourriture à l'atmosphère, surtout si l'on considère qu'elle est souvent cultivée sur des terrains assez pauvres, d'où les produits sont enlevés chaque année pour être consommés dans la ferme. Nous persistons donc à croire que les navets épuisent peu le terrain où on les cultive.

Pour décider exactement la question du degré d'absorption des sucs du sol par le navet, il faudrait avoir : 1° des notes précises sur les produits en céréales d'une terre qui aurait porté des navets sans engrais comparés à ceux d'une autre terre qui n'en aurait pas porté et qui aurait reçu le même traitement; 2° des expériences sur le produit en céréales d'une terre engraissée ayant porté des navets et des terres pareilles qui n'en auraient pas porté.

§ 3. — Culture.

Il y a trois manières avantageuses de faire entrer les navets dans nos assolements. La première consiste à les intercaler dans une année de jachère, entre deux cultures de céréales, après un nombre plus ou moins considérable de labours et avec des engrais abondants et bien consommés ; la seconde, à leur faire suivre immédiatement dans la même année et sur un seul labour sans engrais, un produit principal qui se récolte de bonne heure comme le colza, le seigle, l'orge d'hiver, etc. ; et la troisième, à les semer de bonne heure au printemps, avec ou sans engrais pour fourrage ou pour engrais végétal, après une récolte épuisante faite l'année précédente.

Nous allons examiner séparément chacun de ces trois modes.

1° *Culture jachère.*

Malgré les avantages que présente cette culture, dans certaines conditions déterminées, elle n'a jamais pu réunir en Belgique qu'un nombre restreint de partisans. Il existe pour cela plusieurs causes prédominantes que nous croyons devoir indiquer. D'abord, on a reconnu, en thèse générale, que les autres plantes-racines, c'est-à-dire les betteraves et les carottes, étant mieux appropriées à notre sol et à notre climat, fournissaient, sur une surface de terre donnée, un rendement beaucoup plus considérable que les navets. L'expérience a ensuite démontré que, pour assurer le succès de

cette dernière plante, il était nécessaire qu'on eût
de la pluie en été, saison où l'on procède au semis
et où la végétation commence à se développer.
En troisième lieu, il a été établi que le navet est
plus aqueux, contient moins de parties nutritives
pour un poids déterminé et se conserve moins bien
que la betterave, le topinambour, la pomme de
terre ou la carotte. Enfin, la facilité avec laquelle
on obtient chez nous les navets en récolte intercalaire, sans qu'on ait besoin de s'imposer pour
ainsi dire aucune dépense de labour ou d'engrais,
est la quatrième raison qui a fait rejeter chez nous
la culture de cette plante en récolte principale.

On rencontre cependant dans notre pays des
contrées où la production des navets de jachère
pourrait devenir très-avantageuse : nous voulons
parler des pays à climat ou à sols froids comme les
Ardennes, le *Condroz*, la partie de la province de
Namur nommée *entre Sambre et Meuse* et une
foule d'autres lieux qu'il est inutile d'énumérer.
Ici, les navets semés au printemps peuvent être
d'un grand secours aux cultivateurs en apportant
aux assolements les modifications que l'on a introduites ailleurs par le concours de fourrages-racines
appartenant à d'autres espèces. En suivant les méthodes adoptées en Angleterre, il est d'ailleurs possible d'obtenir des navets dans des sols peu riches
et peu profonds où la betterave et la carotte ne
feraient que végéter misérablement. Nous avons
donc jugé indispensable, eu égard à ces circonstances, de fournir dans ce traité, non-seulement
les données qui nous semblent de nature à guider
nos lecteurs, mais encore un exposé complet du
système perfectionné suivi par les praticiens les
plus compétents de la Grande-Bretagne. Com-

mençons par quelques généralités applicables à tous les modes de culture.

A. *Préparation du sol.* — En automne, immédiatement après l'enlèvement de la récolte précédente, on donne à la terre un labour profond d'environ 50 centimètres. On laisse ensuite le champ dans cet état jusqu'au printemps suivant. Vers le milieu d'avril, lorsque la terre est bien égouttée, et par un temps sec, on donne un labour ordinaire en travers du premier. Aussitôt après, et le même jour, s'il est possible, on herse et l'on roule pour pulvériser la terre. On donne ensuite un nouveau hersage, mais avec une herse en fer un peu pesante et à dents recourbées, afin de ramener à la surface du sol les racines traçantes des plantes vivaces, ainsi que les mottes de terre qui n'auraient pas été divisées. Quand ces racines sont réunies, on les porte hors du champ, ou on les brûle sur place pour en répandre les cendres sur toute la surface. Un mois après, quand les graines des plantes nuisibles ont eu le temps de se développer, on donne une façon composée d'un trait d'extirpateur, auquel on fait succéder le rouleau et la herse.

B. *Semailles.* — Les navets ne doivent pas être semés trop tôt, sans quoi ils développeraient leur tige et fructifieraient, comme nous l'avons dit déjà, l'année même de leur ensemencement, au lieu de former leur racine charnue. Dans les provinces d'Anvers, de Brabant, de Hainaut, de Limbourg et dans les Flandres, on peut procéder à la semaille vers la fin de mai ; là où la température est moins élevée, comme dans le Luxembourg et une partie des provinces de Liége et de Namur, il n'y a nul inconvénient à commencer cette opération quinze jours plus tôt. Au reste, il n'est point possible de déterminer rigoureusement l'époque à laquelle il est le plus convenable de confier les graines de navets au sol, car si le climat exige qu'on avance ou qu'on retarde le moment des semis, il faut dire aussi que les variétés plus ou moins hâtives des racines doivent exercer à cet égard une grande part d'influence.

Quand le sol a été préparé, et que la saison des semailles est arrivée, on répand la fumure et on l'enterre par un labour ordinaire peu profond. On fait ensuite passer la herse, et l'on ensemence en lignes au moyen du semoir, ou bien, ce qui est préférable, en carrés à l'aide du plantoir mécanique. On se sert de ces deux instruments comme il a été dit à l'article *betteraves*. Dans tous les cas, les rayons doivent être placés à 50 centimètres les uns des autres ; on emploie alors la graine dans la proportion de 5 kilogrammes par hectare.

Les méthodes suivies en Angleterre reposent sur une pratique tout à fait différente. Profitant de l'avidité des navets pour les engrais, et du peu d'extension latérale de leurs racines, les cultivateurs placent toute la fumure immédiatement au-dessous des lignes de plantes. Après la préparation du sol et au moment même de l'ensemencement, ils font passer sur le champ une forte charrue à double versoir qui divise la surface en petits billons placés à 60 centimètres environ les uns des autres. (fig. 21) Lorsqu'il y a une certaine surface de terrain préparée de la sorte, quelques attelages vont chercher le fumier à la ferme et l'amènent dans des charriots, des charrettes ou des tombereaux dont la voie est telle que les chevaux marchent dans les sillons *A* et les deux roues dans les sillons *B* ;

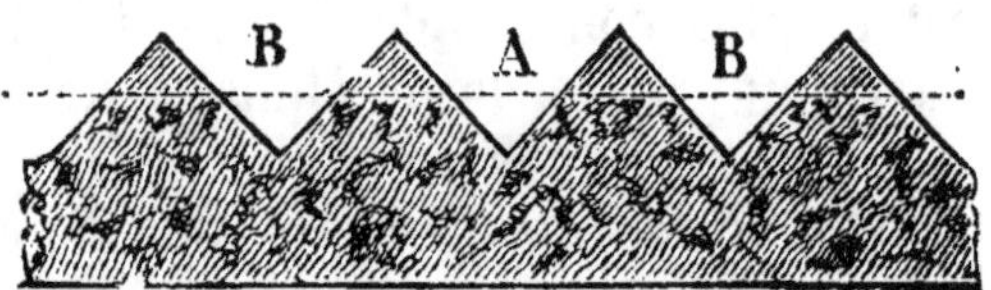

Fig. 21.

Première opération.

tandis que les voitures cheminent ainsi lentement,
on fait tomber le fumier dans le sillon du milieu,
puis une femme le distribue immédiatement dans
les trois sillons parcourus par le chariot. Le terrain
fumé présente alors la coupe régulière suivante :

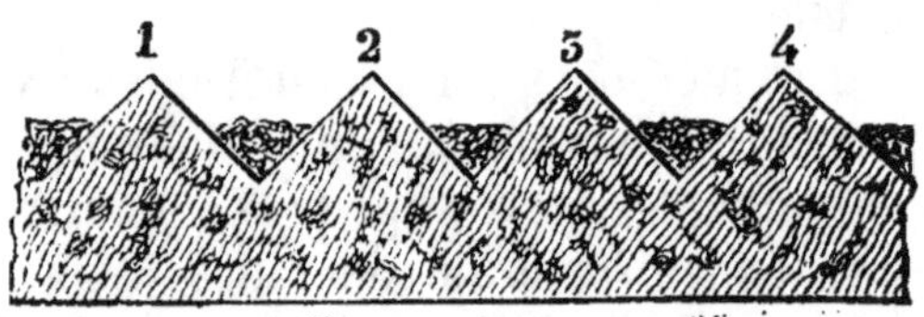

Fig. 22.

Deuxième opération.

Pour recouvrir de terre les sillons remplis de
fumier, les charrues à double versoir, recoupant
par la moitié les premiers billons 1, 2, 3, 4, dé-
versent la terre sur l'engrais et donnent au terrain
la coupe de la figure.

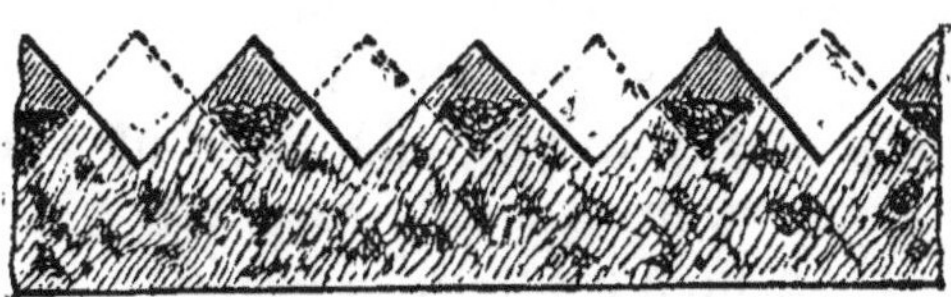

Fig. 23.

Troisième opération.

Quand le sol est ainsi disposé, on fait passer un léger rouleau sur les billons parallèlement à leur longueur. Ce rouleau a une longueur suffisante pour opérer à la fois sur quatre billons. Ces billons présentent alors l'aspect de la figure 24. C'est à leur

Fig. 24.

Quatrième opération.

sommet qu'on répand la graine à l'aide d'un semoir. On se sert pour cela, en Angleterre, d'un semoir spécial qui donne aux billons la forme de la figure, ouvre à la fois les petits sillons destinés à recevoir les graines, y répand celles-ci et les recouvre. Mais si les sillons ont été préalablement aplatis, il est facile de remplacer cet instrument coûteux par le semoir-brouette. On peut également se servir avec avantage du plantoir mécanique, formant à vue d'œil, au moyen de l'emporte-pièce, les trous où doit être répandue la semence.

Quel que soit, du reste, le mode d'ensemencement que l'on adoptera, on choisira, pour l'effectuer, le moment où la terre n'est pas trop sèche, ou bien celui qui précède la pluie, afin que la germination des graines se fasse promptement.

C. *Soins d'entretien.* — Quand les navets ont été semés de la manière que nous avons indiquée, les travaux qui suivent deviennent faciles. Aussitôt que les jeunes plantes sont sorties de terre et qu'elles ont deux feuilles un peu larges, on donne un premier sarclage au moyen de la houe à cheval ou bien avec le rayonneur-sarcloir. Le but de cette opération est de débarrasser la terre des plantes étrangères qui sont levées en même temps que les navets, et aussi d'ouvrir la terre, sans la retourner, pour la rendre perméable aux influences atmosphériques, surtout à l'humidité de la nuit. Ce sarclage est extrêmement facile dans les rangées de navets ; un homme et un cheval tranquille font beaucoup de besogne dans une journée.

Cependant, comme aucune de ces machines ne peut opérer sur les lignes mêmes, des femmes ou des enfants, armés d'une houe à main, dont le fer est large de 20 à 25 centimètres, suivent chacun une ligne de plantes, et, d'un coup donné à travers la rangée, ils enlèvent tout ce qui est compris dans l'espace embrassé par la largeur de leur outil. Entre chaque espace ainsi nettoyé, il reste une petite touffe de navets, les ouvrières l'éclaircissent à la main et ne laissent que le pied le plus vigoureux. Si la semaille a été faite au plantoir mécanique, le premier espacement devient inutile, car cet instrument place directement les plantes en bouquet à distance voulue; il ne reste, dans ce cas, que les touffes à éclaircir.

Quelque temps après avoir pratiqué ce second travail, on en effectue un troisième avec les mêmes instruments, afin d'arrêter complétement la croissance des herbes nuisibles et de détruire la croûte qui pourrait s'être formée à la surface du sol. Enfin on termine par un buttage en remplaçant les couteaux de la houe par des socs. Dès que les feuilles couvrent tout le terrain, les façons d'entretien ne sont plus nécessaires, et l'on abandonne la végétation à elle-même jusqu'au moment de la récolte.

2° *Culture intercalaire ou dérobée.*

Ainsi que nous l'avons fait remarquer en commençant, la culture des navets comme récolte de jachère est très-peu répandue en Belgique. C'est à peine si, en parcourant le pays à l'époque où ces végétaux sont en plein développement, l'on parvient à rencontrer çà et là quelques champs emblavés de ce produit. Les cultures dérobées, au contraire, absorbent des surfaces de terre très-considérables, et il n'est pas un seul district, sauf ceux dont sont formées quelques parties des provinces de Liége, de Luxembourg et de Namur, où on ne les rencontre en forte proportion.

Ce mode, beaucoup plus simple et moins dispendieux que le précédent, est aussi mieux apprécié parmi nous, et procure une seconde récolte dans la même année après la récolte principale, avantage précieux pour tous les champs qui se plient à cette exigence. Il donne en outre un bénéfice net d'autant plus élevé que la culture n'est pas chargée de certains frais portés invariablement au débit des denrées qui occupent longtemps le sol. Les navets ainsi cultivés, paraissent être, d'ailleurs, de meilleure qualité que les autres ; ils sont plus nourrissants, et, comme ils sont plus robustes, on les conserve plus facilement pendant l'hiver.

S'il est une pratique qui mérite d'être répandue, c'est donc évidemment celle qui a pour résultat de ne laisser le sol improductif que pendant le temps nécessaire pour exécuter les diverses opérations de labours, de hersages et de roulages, dont chaque espèce d'ensemencement doit invariablement être précédé. On a maintenant reconnu que toute idée de fatigue, d'épuisement de force, de vieillesse, de repos, et toute autre idée équivalente appliquée au sol, sont entièrement vides de sens. La terre se lasse bien de produire la même chose, mais jamais elle ne se lasse de produire : voilà ce que l'on ne saurait trop répéter, car plus de la moitié de la science de l'agriculture consiste dans la connaissance de cette vérité. Celui qui sait faire succéder une semence de nature différente à celle que ses champs viennent de lui donner, loin de les détériorer, les améliore ; et si, plus habile encore, il en augmente les productions en s'appliquant perpétuellement à les varier, il aura poussé son industrie à ses dernières limites, pourvu toutefois qu'il ne demande au sol que les plantes qui peuvent y prospérer. Ainsi, à une céréale peut succéder une crucifère, et celle-ci peut être remplacée avec avantage par une légumineuse. Au végétal dont on veut obtenir le grain, on peut substituer celui dont on recherche la racine, et à ce dernier, celui qui, devant être coupé avant sa complète croissance, n'est destiné qu'à fournir aux bestiaux une nourriture substantielle.

L'idée qui consiste à ne jamais laisser les champs libres durant l'espace qui sépare l'enlèvement d'une récolte et l'ensemencement d'une autre, est déjà comprise chez nous par une foule d'agriculteurs ; seulement, elle reçoit souvent chez eux une application vicieuse, et ne répond nullement de cette manière au but qui l'a fait concevoir. Au lieu de labourer le terrain à une profondeur convenable, et de le traiter de façon à le mettre dans les conditions les plus favorables à l'accroissement des produits, on se borne, en effet, à pratiquer un simple déchaumage et à donner un seul coup de herse pour recouvrir la graine. Au lieu de semer en lignes à l'aide d'instruments perfectionnés, dans le but de faciliter l'espacement et le sarclage des plantes, on sème à la main sans aucune espèce de soin, et l'on abandonne ensuite la jeune génération à elle-même.

Dans la pratique des semailles de navets à la volée, ce serait peut-être un tort de vouloir trop bien préparer le sol, car les façons qu'on lui donne après l'enlèvement d'une récolte contribuent toujours à favoriser la production des plantes parasites. Or, comme dans ce système les sarclages sont rendus impossibles par le défaut d'uniformité dans la distribution des graines, il en résulterait une telle abondance de mauvaises herbes que les plantes cultivées seraient bientôt étouffées. Dans la méthode des semailles en lignes, cet inconvénient n'existe pas : une terre est-elle salie par la présence de végétaux inutiles, il suffit d'un sarclage à la houe à cheval pour la nettoyer complétement. Ce n'est donc pas sans raison que l'on a proposé de substituer la culture en lignes à la culture à la volée; et l'on ne conçoit vraiment pas que cette dernière ait pu se maintenir encore lorsqu'on a eu constaté les magnifiques résultats obtenus par l'usage des semoirs et du plantoir mécanique.

A. *Préparation du sol.* — C'est après l'enlèvement des récoltes précoces, et particulièrement des céréales, qu'on place les navets en **culture intercalaire.** Comme ces racines s'enlèvent ordinairement fort tard à l'arrière-saison, il convient de leur réserver de préférence des champs qui doivent être ensemencés de produits de printemps, sans quoi, on serait obligé de les arracher avant qu'elles n'aient atteint leur entier développement ou leur complète maturité.

Après avoir renversé le chaume des céréales par un premier labour superficiel, on donne un hersage énergique; on ramasse ensuite le chaume et les racines des mauvaises herbes s'ils se montrent en trop grande quantité à la surface, puis on les brûle sur place et l'on en répand la cendre. Ces opérations sont immédiatement suivies d'un second labour de 20 à 25 centimètres de profondeur; on fait encore une fois passer la herse dans les deux sens et l'on termine par un roulage.

B. *Semailles.* — La première condition à observer pour assurer la réussite des navets en récolte dérobée, c'est de pratiquer l'ensemencement de bonne heure et dans des terres qui sont réservées à la production des plantes d'été. Ainsi, emblaver de navets un champ qui viendrait de porter du froment et que l'on voudrait ensemencer de seigle la même année, ce serait évidemment opérer en pure perte, parce que le froment se récolte trop tard, et que le seigle se sème trop tôt, deux causes assez puissantes pour empêcher les racines de prendre du développement. Cette simple observation fait assez comprendre que la seule méthode, que le seul système avantageux de cultiver les navets de seconde récolte, c'est d'entreprendre cette culture sur les champs d'orge d'hiver, de seigle, etc., que l'on destine à la production de l'avoine, du lin, des vesces ou de tout autre végétal analogue.

Cette importance toute particulière que nous attachons aux semailles hâtives semblera peut-être étrange à beaucoup de cultivateurs; mais elle ne surprendra plus personne si nous avons soin de mentionner qu'un retard de huit jours seulement, apporté à la semaille des navets de chaume, occasionne presque toujours un déficit considérable dans le rendement des tubercules. Les expériences que nous avons faites à ce sujet sont des plus concluantes; répétées plusieurs années de suite dans des terres de différentes natures, elles ont constamment eu pour résultat de prouver qu'un hectare de terre produisant 12 à 15 mille kilogrammes de tubercules lorsqu'il est ensemencé en pleine saison, n'en donne plus que cinq ou six mille kilogrammes si la semaille a été retardée de dix à quinze jours.

Il est donc indispensable de labourer les chaumes de seigle immédiatement après que la moisson est enlevée; et, lorsque la saison est tardive, il convient même de ne pas attendre cette époque pour donner au sol les préparations qui lui sont nécessaires. Dans ce cas, on dispose les gerbes en *dizeaux* qu'on range en lignes aussi distantes que possible les unes des autres. Cette opération une fois terminée, on laboure les intervalles et l'on sème sans s'inquiéter de ce qui pourra arriver lorsque le seigle sera bon à rentrer : par ce moyen, on gagne des jours extrêmement précieux.

La semaille se fait en rayons équidistants. On répand la graine avec le semoir à cheval, le semoir-brouette ou le plantoir mécanique, en suivant les prescriptions qui ont été indiquées dans les chapitres précédents. Les lignes doivent être distantes de 50 à 55 centimètres les unes des autres. Quant à l'espace qu'il convient de laisser entre chaque plante dans la ligne, on se règle pour cela sur la richesse du sol. On emploie, comme dans le cas précédent, 5 kilogrammes de graine par hectare et l'on choisit les variétés les plus hâtives. Une excellente méthode, c'est de répandre dans le sol, en même temps que la semence, une légère quantité de guano. Cette addition produit des effets vraiment miraculeux partout où le terrain semble pécher par un manque d'engrais. Nous pouvons recommander ce procédé avec d'autant plus d'insistance, que nous l'avons expérimenté nous-même dans une foule de circonstances, et que toujours il nous a donné de magnifiques résultats.

C. *Soins d'entretien*. — Lorsque la végétation a une hauteur de quelques centimètres, on procède à l'espacement. Cette opération consiste à éclaircir les plantes dans les lignes afin d'accélérer leur développement. L'espace à laisser entre chaque plante doit varier d'après la nature du sol ; si la terre est de première classe et a conservé un bon reste de principes fertilisants, il peut être de 30 à 35 centimètres ; si, au contraire, elle a été fortement appauvrie par les récoltes antérieures ; une distance de 25 centimètres devient plus que suffisante.

3° Culture comme fourrage ou engrais vert.

Par ce système on sème les navets au printemps, ou sur une terre en jachère qui vient déjà de fournir un pâturage précoce, ou, de très-bonne heure, sur celle qui n'a encore rien produit. Les plantes que l'on obtient ne sont alors destinées qu'à fournir par leurs feuilles ou un pâturage, ou un fourrage vert, ou enfin un engrais végétal lorsqu'on veut les enfouir. Quoique usitée dans un grand nombre d'exploitations agricoles de notre pays, la méthode dont il s'agit nous paraît tout à fait vicieuse; car, indépendamment de cette circonstance qu'à l'époque où l'on récolte les navets en feuilles, une foule d'autres plantes peuvent remplir le but pour lequel ils ont été créés, on éprouve encore de grandes pertes sur la quantité comme sur la qualité des produits. Outre que les racines grossissent très-peu, étant fort serrées les unes près des autres, elles se cordent ordinairement, sont attaquées par les insectes et procurent une très-faible ressource.

Après cette récolte, la terre peut recevoir toutes les préparations nécessaires pour un nouvel ensemencement, qui est ordinairement en grain, et qu'on diffère jusqu'à l'automne, ce qui laisse quelquefois le temps suffisant pour obtenir une autre récolte intercalaire.

Il existe encore un autre mode de culture des navets, généralement peu suivi, et que nous indiquerons cependant, parce qu'il peut trouver son application à certains cas. Il consiste à les semer, pendant plusieurs années consécutives, sur une vieille prairie dont on veut détruire le gazon, ou sur un terrain tourbeux, chaulé, qu'on veut préparer ; par cette culture répétée qui exige de nombreux labours et houages, à la production des grains et à l'ensemencement d'une prairie artificielle, objets pour lesquels elle peut devenir utile, en purgeant la terre de semences et de racines nuisibles, et en l'améliorant d'ailleurs, mais elle peut être remplacée, dans un grand nombre de cas, parmi nous, par d'autres cultures moins dispendieuses, moins casuelles, et tout aussi productives.

§ 4. — Récolte et rendement.

La maturité des navets s'annonce plus ou moins tôt, suivant que les semailles ont été faites à une saison plus ou moins avancée. Les produits semés en mai peuvent être enlevés des champs au mois d'octobre : ils ont alors acquis leur développement complet ; ceux qui ont été confiés au sol à la fin de juillet ou au commencement d'août, après une céréale précoce, ne doivent être récoltés qu'en novembre. Au reste, pour les navets obtenus en culture dérobée, il serait dangereux d'attendre qu'ils aient atteint toute leur croissance pour les arracher, car on s'exposerait ainsi à les voir attaqués par les premières gelées.

Trois procédés sont suivis pour récolter et utiliser les navets : le premier consiste à les faire consommer sur place par les bestiaux pendant tout l'hiver ; il est surtout usité en Angleterre, où le froid peu intense, et la clôture des champs permettent de l'employer sans inconvénients. On commence par faire manger les feuilles, puis on arrache autant de rangées de navets qu'il en est nécessaire pour la nourriture journalière des animaux ; on entoure la place avec des claies, et l'on y enferme les bestiaux.

Comme ceux-ci ne trouvent que la quantité suffisante pour leur consommation, tout est mangé et il n'y a pas de perte. On recommence cette opération tous les jours, jusqu'à ce que toute la récolte du champ soit consommée. D'autres fois, les produits sont successivement arrachés et transportés sur d'autres champs que l'on désire fumer; on les y répartit également et l'on y parque les bestiaux; lorsqu'un champ est suffisamment engraissé, on passe à un autre, et ainsi de suite, pendant tout l'hiver, tant qu'il reste des tubercules à consommer. On ne donne aux bestiaux engraissés par ce procédé qu'un peu de paille d'orge pour leur servir de litière pendant la nuit.

C'est là, incontestablement, la meilleure manière de tirer parti de cette nourriture, puisqu'on évite ainsi les frais d'emmagasinage et les transports des engrais; mais il faut, pour cela, le climat peu rigoureux de l'Angleterre.

Le deuxième mode est, en quelque sorte, un procédé mixte. Il consiste à enlever trois ou quatre rangées de navets que l'on porte à la ferme, et à laisser successivement le même nombre de lignes en terre; de manière à ce que le champ tout entier, quoique dépourvu de navets sur la moitié de sa surface, puisse servir successivement de parc aux animaux, et profite également des engrais que ceux-ci y répandent. Cette pratique est également usitée en Angleterre, mais elle occasionne des gaspillages que l'on peut éviter par l'emploi d'autres méthodes.

Le troisième mode consiste à récolter la totalité des racines et à les emmagasiner pour les faire consommer au fur et à mesure du besoin ; c'est le procédé le plus généralement appliqué dans les contrées où, comme en Belgique, l'hiver est trop rigoureux pour qu'on abandonne les bestiaux en plein air. Lorsque cependant on manque de place pour emmagasiner toute la récolte, on en laisse une partie en terre ; mais seulement dans le cas où les plantes ont été semées en lignes. A cet effet, on arrache trois lignes de racines et on en laisse alternativement trois non arrachées ; puis, dès que la gelée commence, on couvre celles-ci de terre que l'on renverse à l'aide de la charrue. Ainsi recouverts, les navets peuvent attendre sans souffrir jusqu'au printemps.

Les navets cultivés en lignes sont très-facilement et très-promptement arrachés à la charrue ; ceux qui ont été semés à la volée exigent l'emploi du trident ou de la bêche. Ces produits doivent être enlevés par un temps sec ; on coupe les feuilles que l'on donne d'abord aux bestiaux, puis on réunit les racines en petits tas que l'on recouvre de feuilles jusqu'à ce que les tombereaux s'en emparent pour les transporter dans les silos.

Le système adopté dans les Flandres pour la conservation des navets nous paraît de beaucoup préférable à celui qui consacre le placement des racines en silos ou en tas recouverts de terre. Non-seulement il met la récolte à l'abri de toute fermentation nuisible, mais il donne aussi au cultivateur la faculté d'en retirer souvent en hiver ou au printemps un feuillage précieux pour la nourriture de son bétail. Voici en quoi consiste le procédé flamand : Aussitôt que les navets sont arrachés, on les range les uns à côté des autres en cherchant à laisser entre eux le moins d'intervalle possible.

Dès qu'on a ainsi aligné un rayon de plantes, on les recouvre de terre jusqu'au collet, soit avec la bêche, soit à l'aide de la charrue. Cette opération terminée, on recommence à former une nouvelle ligne qu'on recouvre comme la précédente, et ainsi de suite jusqu'à ce que toutes les racines aient trouvé leur place. Les navets continuent à véger le feuillage repousse et les plantes n'ont presque jamais rien à craindre des gelées.

Il existe une seconde méthode, dont on prétend aussi obtenir de fort bons résultats. Elle consiste à mettre les navets sur l'herbe, les uns à côté des autres, en ayant soin de disposer les sujets de manière à ce qu'ils se protégent mutuellement contre les intempéries de l'atmosphère. Cinq à six ares de prairie suffisent pour recevoir les produits d'un hectare de racines.

Le rendement des navets varie suivant l'époque des semailles et le mode de culture. Pour les racines cultivées en lignes comme récolte principale, le produit moyen dans nos bonnes terres s'élève de 25 à 30 mille kilogrammes à l'hectare. Il n'est que de 15 à 18 mille kilogrammes pour les racines cultivées en récolte intercalaire. Par le système anglais, c'est-à-dire au moyen de la culture sur billons, on peut facilement augmenter cette production de 10 à 12 mille kilogrammes.

§ 5. — Insectes nuisibles et maladies.

La végétation se montre à peine à la surface que déjà elle est attaquée et dévorée par divers petits animaux, comme la limace, le puceron, diverses larves de papillons et l'altise bleue, nommée vulgairement *tiquet* ou puce de terre, dont les ravages sont souvent fort considérables.

Les limaces, les larves et autres ennemis de ce genre peuvent être détruits avec assez de succès en faisant passer sur le champ envahi un rouleau très-pesant, et de préférence le rouleau Crosskill (1). Quant à l'altise, les seuls moyens de destruction auxquels on continue à accorder le mérite de l'efficacité, sont ceux qui ont été décrits récemment dans l'ouvrage sur la *Culture des plantes oléagineuses,* également publié sous le patronage du gouvernement. Comme les méthodes recommandées peuvent être d'un grand secours, non-seulement dans la production des navets proprement dits, mais encore dans celle des rutabagas, nous croyons utile de rapporter textuellement quelques passages de ce recueil. Voici comment s'exprime l'auteur :

« Les altises généralement connues dans les campagnes sous le nom de puces de terre, quoique très-nuisibles aux plantes déjà grandes, en ce qu'elles détruisent une partie de leurs feuilles, de leurs fleurs et même de leurs graines, causent surtout un dommage considérable aux végétaux qui viennent de lever, parce qu'elles dévorent leurs feuilles séminales. Il n'est pas rare de voir des semis entiers anéantis de la sorte avant l'apparition de la troisième feuille. A mesure que la végétation prend plus de développement, le danger diminue; aussi pensons-nous que le meilleur moyen d'éviter les dégâts de ces animaux est de tâcher de procurer aux plantes un développement rapide pendant leur première jeunesse. On a cependant proposé une

____

(1) Pour le dessin et la description de cet instrument, voir le *Traité des instruments aratoires* publié dans la *Bibliothèque rurale.*

foule de remèdes pour se garantir de cet ennemi implacable, mais la plupart sont insuffisants ou inapplicables à la grande culture. Les seuls procédés qui nous paraissent dignes d'être pris en sérieuse considération consistent, d'une part, dans l'application de certaine dose de guano répandue avant ou après la semaille, et, de l'autre, dans le pralinage de la graine avec la fleur de soufre au moment de la semaille. A l'aide de la première méthode, on tend à éliminer les pucerons par la forte odeur ou par l'action caustique de l'engrais, et, si l'on ne réussit pas, la jeune plante en reçoit toujours une influence qui lui fait acquérir de la force et de la vigueur. Nous en dirons autant du second moyen, qui a été expérimenté avec succès chez plusieurs agriculteurs éclairés, et particulièrement dans l'exploitation de M. de Mathelin, de Messancy, où il semble n'avoir jamais produit que de très-heureux résultats. »

Un praticien très-recommandable, M. Rieffel, a indiqué dans ces derniers temps, pour prévenir les ravages de l'altise, un autre moyen qu'il donne comme très-efficace. En voici la désignation :

« Il faut se servir de cendres lessivées, dit cet agronome, comme moyen mécanique (peut-être bien plus encore à cause de leur saveur alcaline) pour protéger les jeunes plantes et résister à la troupe vorace des pucerons. Chaque matin, au point du jour, au moment où les cotylédons sont couverts de rosée, il faut saupoudrer toutes les feuilles de ces cendres. Il ne s'agit pas seulement de les répandre à la volée, c'est à pas comptés que les feuilles doivent les recevoir, de manière que les cendres s'y attachent et couvrent exactement chacune d'elles. De cette manière, elles adhèrent assez fortement aux feuilles pour y demeurer un jour entier, quelquefois deux jours, et pendant tout ce temps il est entièrement impossible aux pucerons d'entamer la moindre parcelle des feuilles ainsi cuirassées. On les voit sauter de tous les côtés sans s'arrêter nulle part, et probablement dans le désespoir de la faim, dont je présume qu'ils doivent périr, car ils disparaissent entièrement en peu de temps. S'il survient de la pluie, le lavage des feuilles n'est pas à craindre; aussi longtemps qu'elle dure, les pucerons ne font aucun mal. »

La rouille et la nielle attaquent les navets à différentes périodes de leur croissance, et cette croissance en souffre beaucoup; il n'est d'autre moyen connu de les prévenir que celui d'une bonne culture dans des terrains bien assainis et bien meubles.

Un fléau également nuisible à la production des navets, c'est l'excroissance tuberculeuse qui s'empare des radicales et qui se répand sur toute la surface de la racine. Lorsqu'il sévit sur la récolte, les plantes se décomposent promptement et deviennent impropres à aucun usage. Cette maladie se constate principalement dans les pays à terres légères; elle est assez commune en Flandre, surtout quand la saison a été humide.

§ 6. — Conservation, usage et valeur.

La conservation des navets est moins facile que celle des autres racines; cependant, si l'on a soin de donner de bonnes proportions aux silos dans lesquels ils doivent passer une partie de l'hiver, il est rare qu'ils se gâtent. Le point le plus important à observer, c'est de faire en sorte que les tubercules ne soient point réunis en trop grande quantité; car du moment où ils sont amoncelés, ils s'échauffent et la pourriture ne tarde pas à se déclarer dans la masse. La profondeur des silos ne peut donc jamais dépasser 60 centimètres, sans quoi l'on s'exposerait à des dégâts qu'il est sage d'éviter autant que possible. On peut encore conserver les navets par la méthode que nous avons déjà indiquée pour les betteraves et dont il est inutile par conséquent de développer les avantages.

Les navets ne sont pas fort nourrissants, proportionnellement à leur volume; mais, en revanche, ils sont pour les bêtes à cornes et à laine une nourriture particulièrement agréable et bienfaisante. On a cru remarquer, il est vrai, qu'ils donnaient au lait un mauvais goût, mais on doit attribuer cet effet, ou bien à ce que les plantes étaient attaquées par la pourriture, ou bien à ce qu'on les administrait comme aliment en trop forte proportion. Les navets paraissent aussi contribuer à augmenter plutôt la quantité du lait que celle de la graisse, quoique, dans notre pays, on les utilise maintenant avec fruit, associés avec des tourteaux, de la farine et du foin, pour l'engraissement du bétail à cornes.

Ces racines doivent être lavées, puis réduites en tranches avant de pouvoir servir à l'alimentation des animaux. On emploie pour cela les instruments dont il a été question dans les chapitres précédents.

Suivant les auteurs qui se sont livrés aux meilleures expériences sur la vertu nutritive des navets, 100 kilogr. de racines représenteraient 18 kilogr. de foin; mais en y ajoutant la fane, l'équivalent relatif serait d'environ 22 kilogrammes de foin.

A ce compte, un hectare de navets, produisant 30 mille kilogr. de racines et 12 mille kilogr. de feuilles, vaudrait 396 francs. La valeur des produits obtenus en récolte dérobée sur une surface de terre d'égale étendue s'élèverait aussi, d'après le même calcul, au chiffre rond de 200 francs, bien entendu en supposant la culture faite selon toutes les règles de l'art. Or, quand on considère qu'un semblable résultat peut être atteint sans autres dépenses que les frais occasionnés par un déchaumage et un labour, par deux hersages et deux roulages, par quelques journées de femme, consacrées aux sarclages et à l'arrachement des produits, on arrive forcément à cette conséquence que les cultures dérobées méritent, à juste titre, la plus sérieuse attention des cultivateurs.

CHAPITRE VIII.

DU RUTABAGA.

Le rutabaga, que l'on désigne fréquemment sous la dénomination de *navet de Suède,* a une racine jaunâtre, plus compacte, plus pesante, moins aqueuse, très-délicate au goût, plus nourrissante et plus rustique que le navet ordinaire. Cette plante, également nommée *chou-navet,* paraît n'être qu'une espèce hybride, résultant du croisement du chou commun avec le navet ordinaire. On la distingue à ses feuilles glauques et à sa racine charnue de forme arrondie, ovoïde, variant du jaune clair au violet. Comme les autres espèces, elle produit un certain nombre de variétés parmi lesquelles on distingue surtout les suivantes :

1° *Chou-navet à tête verte, rutabaga commun.* Racine sphérique, peau et chair jaune, de grosseur moyenne.

2° *Chou-navet à tête pourpre, de Laings, rutabaga à collet vert.* Racine de grosseur moyenne, chair jaune et collet vert.

3° *Chou-navet rouge.* Racine allongée, chair blanche, collet violacé.

4° *Chou-navet hâtif.* Ne diffère du précédent que par plus de précocité.

Quoique ces variétés aient chacune un caractère spécial, nous ne parlerons que du rutabaga : d'abord parce qu'il est beaucoup plus connu et plus répandu que les autres, ensuite, parce que les choux-navets, ayant, en général, les mêmes exigences, les mêmes besoins et les mêmes propriétés, leur culture peut être ramenée à des principes communs applicables à toutes les variétés indistinctement.

Comme nous aurons l'occasion de le voir plus loin, le rutabaga réunit des avantages que ne possèdent pas les navets ordinaires. Seulement, on lui reproche d'exiger plus de fumier ou de meilleures terres ; de n'être pas mûr assez tôt en automne pour que la récolte puisse être suivie immédiatement d'un semis de céréales d'hiver ; de donner un mauvais goût au lait des vaches ; d'être moins gros ou de donner une masse moins considérable d'aliments ; enfin de produire un plus grand nombre de radicelles qui retiennent la terre, ce qui rend plus difficile leur préparation pour le bétail; mais la plupart de ces inconvénients n'existent que dans l'imagination de ceux qui les ont exposés. Ce n'est pas à dire pourtant que ce végétal ait une supériorité sur la betterave ou sur la carotte; nous pensons, au contraire, qu'il ne doit jamais être admis là où ces deux plantes peuvent prospérer. Mais il est des terrains dans lesquels le rutabaga peut acquérir beaucoup de développement, tandis que les autres racines y traîneraient une existence misérable. Sous ce rapport donc, le navet de Suède possède des droits incontestables à la préférence des producteurs.

§ 1ᵉʳ. — **Climat, terrain et engrais**.

Le rutabaga aime, comme le navet ordinaire, un climat humide et un ciel brumeux; il supporte, en outre, le froid de nos hivers sans en souffrir d'une manière appréciable, ce qui permet d'économiser les frais d'emmagasinage. De toutes les plantes à racines fourragères, c'est celle qui s'accommode le mieux des sols argileux, compactes, très-humides et imperméables; mais elle leur préfère les terrains de consistance moyenne. Elle aime aussi, comme la plupart des espèces de la même famille, la présence d'une certaine proportion de matière calcaire, mais cet élément ne lui est pas indispensable. Elle donne enfin de très-beaux produits dans les landes nouvellement défrichées, ainsi que dans les bois convertis depuis peu en terres arables.

On voit d'après cela que le rutabaga convient particulièrement au Condroz, à la Famenne, aux terres de la province de Luxembourg et généralement à tous les sols qui semblent pécher par une température trop peu élevée ou par un excès d'humidité.

En ce qui concerne les engrais, nous pouvons renouveler ici les recommandations que nous avons faites à propos des navets. C'est ordinairement avant le dernier labour qu'il faut fumer le champ. On enterre immédiatement le fumier après son épandage et l'on procède de suite aux cultures préparatoires. Il n'y a rien à craindre en fumant copieusement ; plus on met d'engrais, meilleure est la récolte et plus abondants sont les produits. Si l'on possède assez d'engrais pour fumer deux fois au lieu d'une, on fera bien d'enterrer la première fumure par le premier labour ; on appliquera la seconde au dernier, et l'engrais se trouvera mêlé à toute la couche arable.

§ 2. — Culture.

Sachant que le rutabaga exige un sol profondément ameubli, une fumure copieuse, de nombreux binages et buttages, on comprendra combien il est important de le faire venir au début de la rotation. Pour donner à la terre le degré d'ameublissement que réclame cette plante, on peut suivre sans crainte les règles que nous avons indiquées pour les navets de jachère.

Le rutabaga se plie à deux modes de culture : il permet les semis en lignes et à demeure comme il se contente des semis en pépinière destinés au repiquage. Il est à remarquer cependant que le premier procédé ne donne dans la plupart des circonstances que de chétifs résultats ; ou bien les racines ne prennent que peu de développement parce qu'elles ont besoin de transplantation ; ou bien le nombre en est considérablement diminué par les ravages de l'altise qu'il est plus difficile de combattre sur une grande surface que sur le petit espace consacré à la pépinière. Nous n'allons donc nous occuper que de la culture par repiquage.

Le premier point à observer pour obtenir des produits satisfaisants, c'est d'assurer le succès des jeunes plantes qui doivent servir à la transplantation. On choisit pour établir la pépinière un terrain riche et frais qu'on défonce complétement avant l'hiver et qu'on fume abondamment, de manière à en faire une véritable couche. Dès que les grands froids sont passés, vers la fin de février ou le commencement de mars, on pulvérise bien la surface, on la divise en planches d'un mètre de largeur, on sème le rutabaga sur les planches et on l'enterre au râteau. On répand sur le semis de la balle de froment, de la poussière de sarrasin ou de la menue paille, de manière à en couvrir le sol. Il est essentiel d'ensemencer la pépinière aussitôt que le temps le permet ; car, d'une part, le repiquage se fait de bonne heure, et de l'autre, la germination ayant lieu sous une température peu élevée, les jeunes plantes souffrent moins des ravages des insectes. Pendant tout le mois de mars on répand de la graine par intervalles sur un certain nombre de planches, afin de diviser les travaux d'entretien, et surtout de multiplier les chances de succès. Un hectare de pépinière suffit pour la plantation de dix hectares en plein champ.

Le combat acharné du cultivateur contre l'altise commence dès que les premières feuilles se montrent, et, si l'on ne peut parvenir à s'en garantir, toute végétation disparaît. Le meilleur moyen à employer pour détruire cet ennemi implacable est celui dont nous avons parlé à l'occasion de la culture des navets (1).

Comme il est nécessaire que les plants aient atteint la grosseur du petit doigt pour résister aux tourmentes atmosphériques et aux diverses mutilations qu'ils sont destinés à subir, on ne doit entreprendre le repiquage qu'à la fin du mois de mai ou dans la première quinzaine de juillet, suivant les époques où les diverses parties de la pépinière ont été semées. On choisit autant que possible, pour repiquer, un temps pluvieux ou tout au moins une journée où les plants ne soient point exposés à se flétrir sous l'action ardente des rayons solaires.

La fumure ayant été répandue sur le terrain, on donne un dernier labour que l'on fait suivre de deux hersages effectués en long et en large, puis on se livre, sans désemparer, aux travaux de repiquage en suivant les mêmes procédés que pour la betterave. Si l'on manquait de la quantité de fumier nécessaire pour engraisser toute la surface, on adopterait la méthode anglaise en formant des billons sous lesquels seraient enfouies la masse des matières fertilisantes.

Un fait qu'il ne sera pas inutile de mentionner, c'est que les feuilles des plants à repiquer doivent rester intactes; on se borne seulement à retrancher l'extrémité de la racine lorsqu'elle est trop longue pour entrer tout entière dans les trous. Enfin, on réserve entre les lignes un espace de 55 à 60 centimètres, et l'on place les plants dans les rayons à une distance de 40 centimètres les uns des autres.

(1) Voir page 192

Malgré tous les soins dont on entoure les travaux de repiquage, il est des années tellement défavorables que la végétation ne peut parvenir à reprendre de la vie ; il faut, dans ce cas, arroser chacun des sujets le surlendemain de la plantation.

§ 3. — Soins d'entretien.

Plus sont nombreux les sarclages et les binages pendant la croissance des plantes, plus aussi est considérable le poids des racines au moment de la récolte. Il en est donc des navets repiqués comme des navets semés en place, comme des betteraves, comme des carottes, comme de tous les produits, en un mot, qui souffrent de la présence des mauvaises herbes.

Aussitôt que les rutabagas ont repris la vigueur qu'ils avaient momentanément perdue par suite de la transplantation, on fait passer la houe à cheval ou le rayonneur-sarcloir, afin de détruire les premiers germes de la végétation parasite et d'entretenir la surface en parfait état d'ameublissement. Deux ou trois semaines après que ce binage a été donné, on en pratique un second et même un troisième si cela devient nécessaire. Pendant qu'on effectue ces opérations, des femmes ou des enfants parcourent les lignes et donnent entre chaque plant, à l'aide de petites houes à main, un binage qui détruit la croûte formée à la surface du sol et fait périr les mauvaises herbes que n'ont pu atteindre les grands instruments dont nous venons de parler.

Enfin, aussitôt que les feuilles commencent à couvrir la terre, c'est-à-dire quand elles ont acquis le tiers environ de leur croissance, on remplace les couteaux de la houe par des socs et l'on opère un buttage assez énergique ; quinze jours ou trois semaines après on recommence ce travail et l'on enterre de la sorte le collet de la racine qui devient par là moins ligneux.

§ 4. — Récolte et rendement.

Une propriété que possède le rutabaga et qui ne se rencontre chez aucune autre plante-racine, c'est qu'il végète avec une faible température, peu de degrés au-dessus de la glace, et continue ainsi à grossir pendant une partie de l'hiver. Par ces motifs, il convient donc de le laisser en place le plus longtemps possible, et si l'on n'est pas obligé de dégarnir le champ pour des causes inhérentes à la bonne répartition des produits dans les assolements, rien n'empêche qu'on retarde l'arrachement des racines jusqu'au mois de février. La récolte peut du reste être successive comme celle du topinambour ; il y a même avantage à suivre cette méthode, car on parvient ainsi à utiliser beaucoup mieux la fane. Néanmoins comme il serait à craindre qu'on ne fût privé de nourriture à l'époque où les grands froids empêcheraient d'extraire les produits du sol, on fait, en décembre, une récolte précoce, en choisissant les rutabagas les plus avancés, ceux qui ont subi les premiers l'opération du repiquage.

L'arrachage se pratique soit avec la charrue, comme cela a été indiqué pour la betterave, soit au moyen de la bêche ou du trident quand on n'a à sa disposition ni instruments, ni attelages. On sépare immédiatement les feuilles des racines pour les faire consommer par les animaux de la ferme, et si les feuilles sont en trop grande quantité, on enfouit celles qui n'ont pu servir à l'alimentation du bétail.

Les opinions sont encore partagées en ce qui concerne le chiffre auquel s'élève le rendement moyen des rutabagas. D'après M. Rieffel, le produit en racines d'un hectare de terre placé dans des conditions de fertilité ordinaire, serait de 48 mille kilogrammes. S'il fallait s'en rapporter aux affirmations de quelques agronomes allemands, le chiffre de la récolte s'élèverait même à 55 mille kilogrammes. Ce sont là, sans doute, des résultats qui peuvent être atteints dans des cas exceptionnels, mais nous ne pensons pas qu'ils puissent être considérés comme base d'appréciation. En Belgique, il est rare qu'on dépasse 40 mille kilogrammes à l'hectare ; nous avouerons même n'avoir jamais atteint dans notre exploitation les quatre cinquièmes de ce dernier rendement. D'autres cultivateurs auront-ils été plus heureux que nous? Il est permis d'en douter, puisque les *rapports sur l'exposition nationale des produits agricoles de 1848* signalent comme récoltes très-remarquables celles de 40 mille kilogrammes qui ont été obtenues par MM. Willième et Del Marmol, à l'aide de la culture en billons d'après la méthode anglaise.

§ 5. — Usages, et valeur.

Les bêtes à cornes s'accommodent parfaitement d'une nourriture composée de moitié de rutabagas et moitié d'autres substances, telles que foin, paille, etc.; mais son influence heureuse est surtout remarquable lorsqu'on le fait servir à l'engraissement des animaux. On peut alors augmenter la proportion des racines dans la composition de la nourriture, et réduire celle des fourrages au point de ne plus donner ceux-ci que pour corriger les propriétés relâchantes des racines.

Les rutabagas peuvent en outre remplacer le grain dans l'alimentation des bêtes à laine. Ce fait a été prouvé par l'expérience chez M. le baron Peers d'Oostcamp, qui possède un troupeau de moutons des plus remarquables sous tous les rapports.

En thèse générale, il est permis d'attribuer au navet les mêmes facultés nutritives qu'à la betterave. Cependant, d'après M. de Gasparin, la valeur réelle de ce produit serait subordonnée à la destination qu'on lui donne. « Il faut faire entrer en ligne de compte, dit ce savant agronome, dans l'appréciation favorable des auteurs qui n'ont pas fait des expériences directes, les qualités engraissantes et lactifères du rutabaga ; son équivalent d'engraissement nous paraît s'élever beaucoup plus haut que son équivalent nutritif. Mais jusqu'à présent ces deux éléments de spéculation agricole n'ont pas été bien distingués, et leur estimation se ressent des incertitudes de la théorie sur la production de la graisse. Ainsi, comme nourriture des bêtes de travail, nous pensons que 100 kilogrammes de rutabagas avec leurs feuilles ne valent pas plus de 18 kilogrammes de foin ; mais il est possible que dans l'engraissement 100 kilogr. de cette racine aient la même vertu engraissante que 30 kilogr. de foin. » Si nous nous en rapportons à nos propres essais, cette dernière évaluation s'écarterait notablement de la réalité. Jamais, en effet, nous n'avons reconnu que le rutabaga fût supérieur à la betterave pour l'engraissement; si même nous devions émettre un avis à cet égard, nous serions plutôt porté à appuyer une opinion contraire. Or, en admettant l'hypothèse soutenue par **M. de Gasparin**, la betterave n'équivaudrait guère qu'à la moitié du rutabaga, puisque, d'après lui; il faudrait 5 de betteraves pour représenter 1 de foin, tandis que 3 de rutabagas contiendraient une quantité égale de matière nutritive. C'est là, répétons-le, une estimation exagérée.

Le rutabaga ayant, comme nous l'avons dit plus haut, la même valeur que la betterave, et la production des racines étant portée à 35 ou 40 mille kilogrammes par hectare, il en résulterait que le rendement moyen en numéraire serait de 450 à 500 francs. Il est certain cependant que l'on aurait beaucoup de peine à réaliser cette somme si l'on faisait consommer ce produit par des bêtes de travail ou par des vaches laitières. Nous ajouterons, pour terminer, que les frais occasionnés par la culture de cette plante sont plus considérables que ceux auxquels donne lieu la production des betteraves semées en place.

CHAPITRE IX.

DE LA CHICORÉE.

La chicorée n'a pas encore eu jusqu'ici le privilége de fixer sérieusement l'attention des cultivateurs.

Cette indifférence pour l'un des produits qui donnent un bénéfice net si considérable nous paraît devoir être attribuée à deux causes qu'il est bon de signaler : l'une, c'est que la valeur vénale de ce produit améliorant et commercial tout à la fois n'a jamais été sainement appréciée; la seconde, c'est qu'il faut, pour en assurer le débit, se plier à diverses circonstances et remplir certaines formalités dont s'accommodent généralement peu de producteurs. A ce dernier inconvénient près, la culture de la chicorée forme et formera longtemps encore un élément de prospérité pour tous ceux qui savent en comprendre et l'importance et les avantages.

La *Statistique agricole* de Belgique, publiée par les soins du gouvernement, contient des détails fort intéressants et tout à la fois très-instructifs sur cette plante précieuse. Convaincu que ces renseignements peuvent être d'une haute utilité pour un certain nombre de nos lecteurs, nous allons les reproduire en partie avant d'entamer le sujet qui se rattache spécialement à la *culture*.

« La chicorée, lit-on dans l'*introduction* du travail officiel que nous venons de citer, est une plante mixte, qui mérite d'être rangée parmi les cultures améliorantes plutôt que parmi les cultures commerciales; si, en effet, ses racines servent exclusivement de matière première à l'industrie qui n'en restitue rien au sol, ses feuilles et ses tiges restent à l'exploitation et fournissent un fourrage qui peut, à bon droit, être mis sur la même ligne que l'herbe des prairies. Des expériences décisives ont d'ailleurs démontré que la chicorée végète à peu près exclusivement aux dépens de l'atmosphère, et qu'elle laisse à la terre où elle a été cultivée une fertilité supérieure à celle qu'elle avait avant cette récolte.

La chicorée a de plus tous les avantages des cultures sarclées : exigeant des labours profonds et des sarclages fréquents, elle contribue au même degré que la betterave à améliorer les procédés agricoles, et donne lieu, comme celle-ci, à une main-d'œuvre considérable au profit des classes ouvrières Si, d'ailleurs, elle ne laisse pas à l'exploitation une somme de résidus aussi grande que la betterave, en revanche elle détruit moins la fécondité du sol et laisse pour les récoltes suivantes une plus forte quantité de principes fertilisants. Au point de vue agricole, la chicorée est donc une plante précieuse, et il serait à désirer, dans cet intérêt, que sa culture prît une extension toujours croissante.

« Quoi qu'il en soit, la chicorée est la plante commerciale qui se cultive le plus en Belgique après le lin, le colza, le houblon et les betteraves à sucre. D'après la *Statistique*, on lui consacrait, en 1846, 1,827 hectares, dont plus de la moitié se trouvait comprise dans le territoire des arrondissements d'Ath, de Mons et de Soignies, qui, avec les districts d'Anvers, de Bruxelles, de Roulers, de Gand, d'Audenarde et de Namur, doivent être considérés comme les principaux centres de production de la chicorée. Ailleurs cette culture est à peine connue, et ce n'est que sur de très-petites parcelles qu'on la voit apparaître dans certains arrondissements privilégiés. Sa place est d'ailleurs assez restreinte partout dans les assolements : on ne lui consacre nulle part plus de un pour cent des terres labourables.

« Du reste, la culture de la chicorée n'est rien moins que constante : l'étendue de terrain que l'on y consacre varie beaucoup et subit ces alternatives de diminution et d'augmentation subites qu'on peut constater pour beaucoup d'autres plantes commerciales, en raison du prix des grains et des besoins de la consommation. »

Ces détails fournis, nous croyons pouvoir énumérer maintenant les principales conditions auxquelles doit satisfaire le cultivateur pour obtenir des produits réellement avantageux : c'est ce que l'on trouvera décrit dans les pages suivantes.

§ 1er. — Variétés.

On rencontre dans le genre chicorée, comme chez les autres plantes, plusieurs variétés aussi distinctes par leurs caractères que par leur usage. Il en est qui se cultivent exclusivement pour fourrage ; elles prennent alors le nom de chicorée sauvage. Il en est une autre dont le mérite repose sur l'usage qu'on en fait dans l'alimentation de l'homme : c'est la chicorée à café, la seule dont nous ayons à nous occuper ici.

La chicorée à café est moins amère que la chicorée sauvage ordinaire ; sa racine est beaucoup plus grosse, sa tige et ses feuilles inférieures sont velues, plus grandes, plus épaisses ; les dernières manquent de découpures ; en un mot, c'est une plante évidemment améliorée par la culture.

§ 2. — Terrain et engrais.

Pourvu que le sol soit profond, de consistance moyenne, et contienne une certaine proportion d'éléments calcaires, la chicorée à café réussit à peu près partout, excepté dans les champs humides ou peu perméables. Elle n'est pas non plus très-exigeante sous le rapport des engrais. Si, comme nous l'avons dit plus haut, en reproduisant quelques passages de la *Statistique*, au lieu d'épuiser la terre, elle lui rend, par ses débris de feuilles et de tiges laissées sur la surface, plus de principes fertilisants qu'elle n'en puise, on peut la considérer plutôt comme récolte améliorante que comme récolte épuisante. Cependant il convient, pour que le végétal présente un degré de vigueur suffisant, que le sol ait reçu une certaine dose d'engrais. Mais il importe aussi que cet engrais, s'il s'agit de fumier de basse-cour et surtout de fumier frais, soit appliqué au moins une année avant le semis; autrement le produit contracterait un mauvais goût et les racines, se développant avec trop de rapidité, deviendraient aqueuses.

M. de Gasparin rapporte, au sujet des facultés absorbantes de la chicorée, trois faits qu'il ne sera pas inutile de mentionner.

Premier fait. — Si l'on cultive la chicorée après l'orge d'hiver sur fumier, on peut immédiatement après semer un froment sans nouvelle fumure, preuve certaine que la récolte des racines n'a que peu ou point épuisé la couche de terre arable où celles-ci ont acquis leur croissance.

Deuxième fait. — Si l'on sème la chicorée sur une terre qui a déjà produit deux moissons de céréales après une seule fumure, il faut, avant de semer, engraisser légèrement la terre ou tout au moins l'amender avec la chaux. Ce fait se rapporte encore aux conseils des agriculteurs qui veulent une fumure légère sur les champs épuisés, pour faciliter la sortie et le premier développement de la plante, jusqu'au moment où elle attire et s'assimile la nourriture contenue dans l'air.

Troisième fait. — Quand, selon l'usage, on récolte de la chicorée après orge sur fumier, il est toujours bon de mettre de la chaux sur la terre avant de semer la céréale qui doit suivre. Ici se manifeste encore la grande consommation que fait la chicorée de l'élément calcaire qu'il faut lui fournir, s'il n'existe pas naturellement dans la terre.

§ 3. — Préparation du sol et semis.

Comme les racines pivotantes de la chicorée s'enfoncent jusqu'à la profondeur de 30 à 40 centimètres, il faut que le sol soit ameubli par un labour très-énergique. On défonce donc le terrain avant l'hiver autant que possible ; cette opération se fait au moyen de deux charrues, dont l'une sans versoir, qui se suivent dans le même rayon. Il sera avantageux d'employer à cet effet, comme charrue de défoncement, l'excellente machine de Read que nous avons fait figurer au commencement de cet ouvrage. Au printemps, on donne un second labour de 15 à 18 centimètres de profondeur, ou bien l'on se borne à donner deux coups d'extirpateur si la neige ou les pluies n'ont pas rendu la terre trop compacte. Viennent ensuite les hersages et les roulages, qui achèvent de diviser et de pulvériser la surface.

Les semis se font comme pour les autres plantes-racines, c'est-à-dire lorsque le terrain est bien ressuyé et qu'on n'a plus à craindre les gelées. On répand la graine à la dose de cinq kilogrammes par hectare, en employant le semoir ou mieux le plantoir mécanique. Les lignes doivent être placées à une distance de 45 à 50 centimètres.

Jusqu'ici les semis ont toujours été faits à la volée. Les auteurs les plus recommandables, sans même en excepter M. de Gasparin, ne parlent dans tous leurs ouvrages d'aucune autre méthode. Il est certain cependant que ce procédé est tout aussi condamnable pour la chicorée que pour les autres végétaux à racines pivotantes. Elles exigent, les unes comme les autres, des sarclages très-soignés et de nombreux binages qui entraînent des frais considérables quand les plantes ne sont pas disposées en rayons. Serait-il vrai, peut-être, que la chicorée ne souffre par l'alignement? On serait porté à le croire s'il fallait s'en rapporter exclusivement à ce qui en a été écrit dans les traités spéciaux. Mais cette hypothèse est démentie par les faits. L'expérience a prouvé, dans notre pays, que la chicorée s'accommode admirablement des semis en lignes et se développe en raison même des façons qu'on donne à la terre pendant sa croissance. Nous avons vu, notamment dans les provinces de Liége et de Namur, des champs entiers cultivés d'après ce système et qui étaient couverts de récoltes présentant tous les indices de la richesse et de l'abondance. Il est donc avantageux de substituer le nouveau mode à l'ancien, et de condamner ce dernier aux rigueurs des lois qui régissent les idées de progrès et de perfectionnement.

§ 4. — Soins d'entretien.

La levée des graines de chicorée a lieu quinze à vingt jours après le semis; dès qu'on distingue suffisamment les plantes et que les lignes se laissent bien apercevoir, on pratique un premier sarclage en faisant passer soit le rayonneur-sarcloir, soit l'une ou l'autre des houes à cheval précédemment décrites : on ameublit ainsi la terre et l'on détruit les plantes adventices. Trois semaines après on éclaircit la végétation et on laisse les plantes à une distance de 20 à 30 centimètres les unes des autres dans les lignes. Cette opération terminée, on donne un second sarclage, puis on bine profondément quand la surface s'est de nouveau durcie ou couverte de mauvaises herbes. Enfin on donne au sol jusqu'à la récolte les mêmes façons que pour la betterave ou la carotte.

§ 5. — **Récolte et rendement**.

Les racines de chicorée craignant peu la gelée, on peut les laisser en terre jusqu'à ce qu'un moment de loisir en permette l'extraction. Cependant, comme elles ne grossissent plus sous l'influence d'une basse température, il convient de les arracher du premier octobre à la fin de novembre, suivant que l'on veut emblaver la terre d'un grain d'automne ou d'un produit de printemps. On fauche d'abord les feuilles et les tiges pour les donner aux bestiaux, ou on les fait pâturer sur place. Cette nourriture est substantielle, mais si elle est donnée seule, le lait des animaux qui en font usage prend une saveur désagréable. On arrache ensuite les racines, puis on les transporte dans un lieu couvert où elles subissent les préparations voulues avant d'être livrées à la manufacture.

La *Statistique agricole,* que nous avons déjà maintes fois eu l'occasion de citer, ne donne que peu de renseignements sur les produits de la chicorée. Elle n'évalue, en effet, que le rendement des racines à l'état frais, sans faire connaître ni celui des matières industrielles qui en proviennent, ni celui des feuilles et des tiges. D'après ce recueil officiel, un hectare de chicorée produirait environ 17 à 18 mille kilogrammes. Dans certaines localités, ce rendement s'élèverait jusqu'à 24 mille kilogr.; dans d'autres il tomberait à 12 mille kilogrammes. Si ces différences existent, elles doivent nécessairement tenir aux qualités du sol et aux soins plus ou moins intelligents dont on entoure la végétation.

§ 6. — Usages et valeur.

Quant aux usages de la chicorée, on sait qu'ils sont restreints à la formation de cette poudre noirâtre dont on se sert si communément aujourd'hui pour remplacer le café, produit infiniment préférable sous tous les rapports, mais malheureusement encore maintenu à des prix trop élevés pour les classes laborieuses.

Relativement à la valeur des récoltes de chicorée, c'est encore à la *Statistique belge*, à défaut de données issues de nos propres expériences, que nous allons recourir.

« En France, dit l'auteur de ce travail, le revenu brut d'un hectare de chicorée serait estimé à 1,000 francs, et la dépense à la moitié de cette somme, avec une rente de 100 francs pour le sol. Si l'on s'en rapporte aux meilleurs agronomes de notre pays, cette culture aurait à peu près donné les mêmes résultats autrefois en Flandre.

« D'après les renseignements recueillis, 100 kilogrammes de racines fraiches produisent à peu près en Belgique 30 kilogrammes de racines séchées, lesquelles fournissent, après avoir été brûlées et moulues, environ 80 pour cent de chicorée en poudre. A ce compte, la récolte d'un hectare donnerait 5,356 kilogrammes de racines séchées et 4,284 kilogrammes de chicorée propre à être livrée à la consommation. Comme le prix moyen des racines séchées et des racines brûlées et moulues est respectivement de 20 et de 32 centimes le kilogramme, on voit que le produit d'un hectare vaut 1,071 francs ou 1,370 francs, selon qu'on prend pour mesure d'évaluation la chicorée à l'état brut après dessiccation, ou complétement préparée. Maintenant des calculs très-exacts ayant établi que les frais de culture d'un hectare de chicorée ne s'élèvent jamais au-dessus de 500 francs, y compris le transport et la dessiccation des racines, il s'ensuit que les cultivateurs qui récoltent et sèchent eux-mêmes leurs produits peuvent réaliser un bénéfice de 571 francs, sans compter la valeur des feuilles et des déchets. »

Il y a certes peu de cultures qui donnent de pareils résultats; aussi croyons-nous que dans l'état actuel des choses, beaucoup d'agriculteurs trouveraient un avantage réel à consacrer chaque année une partie de leurs terres à la production de ce végétal, partout où il y a facilité d'écoulement et débit assuré.

CHAPITRE X.

DES PORTE-GRAINES.

Nous donnons la dénomination de porte-graines aux racines que l'on conserve pendant l'hiver et que l'on replante au printemps pour qu'elles puissent développer des tiges ligneuses et pousser à graine. Certes, nous n'affirmerons pas, à l'exemple de plusieurs auteurs, qu'il est impossible d'obtenir de bons produits en betteraves, carottes, navets, etc., sans employer de la graine qu'on a récoltée soi-même dans sa propre culture ; mais si ce principe n'est pas toujours rigoureusement vrai, il n'en mérite pas moins d'être soutenu, eu égard au profit qui résulte de son application.

On a reconnu, en effet, que les semences achetées chez les grènetiers, même celles que l'on se procure dans les établissements les plus recommandables, sont souvent de mauvaise qualité. Les unes sont trop vieilles ou ont été récoltées dans de mauvaises conditions, les autres ne présentent qu'à un faible degré les caractères inhérents aux espèces en variétés que l'on a choisies. Il s'en trouve dont la germination se fait mal ou même ne se fait pas du tout ; on en rencontre enfin qui donnent naissance à des produits mêlés, peu volumineux et plus ou moins rabougris, conséquence fatale d'un mauvais choix ou d'une cupidité condamnable.

Par tous ces motifs, nous croyons qu'il est de la plus haute importance pour le cultivateur de récolter dans son exploitation même les graines dont il peut avoir besoin pour ses semis. Il n'est réellement utile de se soustraire à cette règle que lorsqu'on veut introduire des variétés nouvelles ou qu'on désire se livrer à des expériences exactes sur la valeur relative des variétés connues.

Une raison qui justifie encore la culture des *porte-graines*, c'est que les semences achetées chez les marchands grènetiers reviennent à des prix beaucoup plus élevés que celles recueillies dans l'exploitation même où elles doivent être employées. Les graines de betterave qui se débitent dans le commerce au taux de 2 francs le kilogramme, peuvent être facilement obtenues à raison de 50 cent. si on les récolte soi-même. La même disproportion existe à l'égard de diverses autres semences, et notamment de la graine de carotte dont la cherté est parfois excessive.

Nous avons donc jugé indispensable d'indiquer les méthodes à adopter pour avoir constamment de bonnes semences à peu de frais. On trouvera dans les paragraphes suivants tous les détails et tous les renseignements qui se lient à cet·objet essentiel.

§ 1er. — **Betteraves.**

Pour obtenir des graines de betteraves douées de toutes les qualités désirables, on doit choisir à l'époque où se fait la récolte des racines un certain nombre de sujets bien conformés, ni trop longs, ni trop courts, annonçant une végétation vigoureuse, et offrant, au plus haut degré, les caractères de la variété que l'on veut multiplier.

Certains défauts se développent et se propagent par la culture; si la graine que l'on emploie a été récoltée sur des individus qui avaient le défaut d'être creux à la partie supérieure, les betteraves qui en résulteront auront naturellement cette fâcheuse prédisposition. Or, on sait que les betteraves creuses ont le désavantage d'être d'une conservation plus difficile; l'eau et les corps étrangers qui se logent dans cette cavité y déterminent une altération qui ne tarde pas à se communiquer à toute la masse. Sans couper la betterave, il est facile de s'assurer qu'elle n'est pas creuse par le son qu'elle rend en la frappant avec un corps dur à sa partie supérieure; la mesure de sa densité pourrait également indiquer si elle est vide ou pleine intérieurement.

Les porte-graines doivent être choisis sur le champ avant d'être arrachés; on verra mieux comment chaque individu se comporte sur le sol, s'il a une tendance à s'enfoncer où à sortir de terre. On prendra naturellement les individus qui se distingueront par les qualités que l'on recherche. Dans tous les cas, on rejettera les racines à pivots multiples; la terre et les pierres qui s'interposent entre les divisions de la racine rendent le lavage difficile et le râpage dangereux.

Le collet des porte-graines doit être tordu et non coupé; l'amputation emporterait une portion de la tête, c'est-à-dire une des parties les plus vitales de la betterave. Lors de la mise en terre, la reprise de la végétation serait plus difficile, moins vigoureuse, et, par suite, le rendement en graine moins considérable.

Les porte-graines doivent être rangés dans un endroit sec, à une température aussi basse que possible, sans cependant qu'elle puisse descendre jusqu'à zéro. L'air, la chaleur, l'humidité et la lumière activeraient leur végétation qui n'est jamais éteinte, mais seulement ralentie ; il se développerait de jeunes bourgeons qui dépenseraient en pure perte les substances nutritives destinées aux bourgeons définitifs.

On satisfera à toutes ces exigences en plaçant les racines dans une cave sèche, en les dressant verticalement les unes à côté des autres, et en les recouvrant et les isolant avec du sable sec.

Beaucoup d'agriculteurs ont l'habitude de choisir les tubercules les plus petits, parce qu'ils sont moins sensibles à la gelée. Cette pratique est pour eux d'une grande importance, puisqu'ils transplantent avant l'hiver et quelquefois même immédiatement après la récolte. Cette méthode blâmable a d'abord pour effet de diminuer sensiblement la variété qu'on veut conserver et de la rendre tellement chétive que, si le mode dont il s'agit était successivement pratiqué pendant plusieurs années, on finirait par ne plus obtenir que des produits de très-peu de valeur. Ensuite, si les froids sont rigoureux, les racines gèlent et n'offrent plus au printemps qu'un corps sans vie.

Au printemps, dès que les froids ne sont plus à craindre, on plante les porte-graines en lignes dans une terre riche ou anciennement fumée, à la distance de 85 ou 90 centimètres en tout sens. On sarcle et on bine les intervalles au moyen de houes à cheval, puis l'on donne comme dernière façon un buttage énergique. Quand les tiges commencent à se ramifier, on les soutient avec des échalas ou rames auxquels on les attache. La graine se récolte en septembre, à mesure qu'elle parvient à maturité. On choisit les fruits les plus gros, les plus mùrs et l'on abandonne les autres. Chaque pied de betterave donne environ 200 grammes (7 onces) de fruits secs. On peut battre la semence au fléau, mais elle est alors moins pure ; en tout cas, après l'avoir séparée des tiges, il faut la faire sécher au soleil afin d'empêcher qu'elle ne s'échauffe et ne se détériore.

La graine conserve ses facultés germinatives pendant trois années au moins ; si l'on veut en récolter de plusieurs variétés à la fois, il importe d'éviter que les porte-graines des diverses variétés fleurissent l'un près de l'autre ; car ces plantes s'entre-fécondent très-facilement et l'on n'obtient alors que des produits dégénérés.

Un auteur qui a longtemps habité parmi nous et dont les connaissances pratiques ont puissamment contribué au progrès de l'agriculture, M. Schwerz, recommande, pour hâter la germination des graines, de les faire macérer dans de l'eau pendant quelques jours avant de s'en servir. MM. Girardin et du Breuil ajoutent que cette méthode a, en outre, l'avantage de séparer la bonne graine de la mauvaise, car celle-ci surnage après cette opération ; « on enterre, disent-ils, la semence toute humide, et pour la manier plus facilement, on la saupoudre de plâtre, de cendre ou de chaux pulvérisée. » Nous avons maintes fois employé ce procédé en substituant le purin à l'eau tiède, et toujours la germination en a été avancée de huit à dix jours, mais l'expérience nous a convaincu que cet avantage disparaît vis-à-vis des inconvénients graves aux-

quels peut donner lieu une macération trop prolongée de la graine dans le liquide.

§ 2. — Carottes.

Les cultivateurs doivent prendre pour les graines
de carottes les mêmes soins que pour celles de la
betterave. Au moment de la récolte, on doit choisir
pour porte-graines les racines qui réunissent le
plus grand nombre de qualités qui constituent l'espèce dans sa pureté. Elles seront droites, allon-
gées, lisses, bien saines, et surtout sans bifurcation.
On retranche les feuilles sans toucher au collet, puis
on transporte les racines dans une cave bien sèche
où elles soient à l'abri de la gelée et de la lumière.
Vers le commencement d'avril ou quelques jours
plus tard, si le temps n'est pas favorable, on plante
les pieds à 80 centimètres de distance les uns des
autres dans un sol fertile et convenablement préparé. On les bine comme les autres récoltes sarclées, puis on leur donne, pour finir, un buttage.
Vers la fin d'août, époque où les ombelles de fruits
mûrissent, on les coupe à mesure qu'elles passent
du vert au brun et on les suspend dans un lieu
abrité jusqu'à ce qu'elles aient subi la dessiccation
voulue.

Certains praticiens prétendent qu'on peut aussi
repiquer les carottes avant l'hiver, pourvu qu'on
les couvre de litière pour les garantir du froid. Ce
mode nous paraît de beaucoup inférieur au précédent; car indépendamment des frais de main-
d'œuvre et des embarras qu'entraîne son application, il a encore l'inconvénient d'exposer les racines
à périr sous l'action meurtrière des gelées.

Les semences de carottes sont munies de petites pointes recourbées en crochets, ce qui fait qu'elles s'attachent les unes aux autres, aussi est-il difficile de les répandre régulièrement dans les sillons. Pour éviter cet inconvénient, on expose les graines au soleil, puis on les frotte fortement entre les mains, afin d'en détacher les petites aspérités.

On ne doit employer que des graines récoltées l'année précédente ; celles qui sont plus âgées ne germeraient pas. Il arrive parfois que les carottes développent une tige et fructifient, l'année même de leur ensemencement, au lieu de former une racine charnue. Comme ce vice de végétation est presque toujours héréditaire, on se gardera bien d'employer, comme semence, les graines venues sur ces plantes.

§ 3. — Navets.

Si les raisons que nous avons données pour conseiller aux cultivateurs de récolter eux-mêmes les semences de betterave et de carotte dont ils peuvent avoir besoin dans leur culture, si ces raisons sont suffisantes pour justifier nos recommandations, il est naturel que nous persistions dans les mêmes idées en ce qui concerne le navet. Les variétés de cette plante dégénèrent effectivement plus vite encore que les autres, de sorte que l'on est obligé d'en recueillir la graine avec des soins tout spéciaux.

Voici, d'après le *Cours élémentaire d'agriculture* de MM. Girardin et du Breuil, comment s'y prennent les fermiers du Norfolk, qui ont poussé si loin la perfection de cette culture.

Une longue observation les a convaincus que les

graines, recueillies pendant plusieurs années de suite sur des navets transplantés annuellement, donnent lieu à des racines dont le collet devient plus étroit, et dont la racine est plus tendre, mais moins épaisse. Si, au contraire, les graines sont successivement récoltées sur des navets non transplantés, d'autres modifications se produisent ; le collet de la racine devient plus large, plus écailleux, l'épiderme plus rude, la chair est dure et fibreuse, le pivot se bifurque, la base de la racine pourrit facilement ; en un mot, la plante tend à reprendre les caractères de son état sauvage. Pour échapper à ces deux inconvénients extrêmes, les cultivateurs du Norfolk font porter la graine, tantôt à des navets transplantés, tantôt à des navets non transplantés, suivant que le produit des uns ou des autres menace de perdre les caractères qu'ils veulent conserver.

La transplantation des navets se fait en hiver ; on choisit, non les racines les plus grosses, mais celles qui offrent, au plus haut degré, les caractères de la variété à laquelle elles appartiennent ; on les plante dans un terrain fertile, en les plaçant en lignes distantes de $0^m,65$ environ, afin de pouvoir leur appliquer économiquement les façons d'entretien.

Quant aux porte-graines non transplantés, on les sème dans un terrain spécial, bien fumé, en lignes offrant entre elles le même espace, et de façon à ce qu'il existe une distance de $0^m,30$ entre chaque plante. — On leur donne ensuite des soins d'entretien semblables à ceux que réclament les produits cultivés pour la consommation.

Dans tous les cas, le terrain destiné à recevoir les porte-graines devra être le plus éloigné possible des champs où peuvent fleurir d'autres plantes du même genre, telles que colza, choux, navettes, etc.; car ces diverses plantes s'entre-fécondent très-facilement, même à d'assez grandes distances, et leurs graines donnent alors lieu à des produits complétement dégénérés.

Vers le temps de la maturité des graines, et jusqu'à leur récolte, il est indispensable de faire séjourner constamment un enfant autour du champ pour en éloigner les oiseaux. Enfin, quand la maturité est complète, on récolte et l'on bat. Les semences peuvent se conserver, avec toutes leurs qualités, pendant un certain nombre d'années.

§ 4. — Rutabagas.

Le rutabaga présente, sous le rapport de sa reproduction, les mêmes inconvénients que le navet, c'est-à-dire qu'il dégénère très-facilement. N'ayant jamais été dans le cas de transplanter cette racine pour en obtenir de la semence, c'est encore au lumineux travail de MM. Girardin et du Breuil que nous allons emprunter les détails relatifs au choix des graines. — « Le meilleur moyen de se procurer de bonnes semences, disent ces auteurs, est assurément de planter des porte-graines. On les choisit régulièrement conformées et bien caractérisées, et on les plante dès le mois de décembre (1), dans un terrain très-richement fumé et abrité au nord par un mur ou une levée de fossé. Il est surtout important de les éloigner des autres crucifères

(1) Le succès de la récolte serait mieux garanti, pensons-nous, si l'on retardait la plantation jusqu'au mois de mars, époque où les fortes gelées ne sont plus à craindre.

qui pourraient fleurir dans le voisinage et les faire dégénérer en les fécondant.

—

Il ne sera pas inutile de fournir encore, avant de terminer, quelques renseignements spéciaux sur les machines dont il a été parlé dans le cours de cet ouvrage. Le tableau suivant, dans lequel se trouvent inscrits le nom et l'adresse de chaque constructeur, ainsi que les prix de tous les instruments cités, nous paraît donner toutes les indications nécessaires à cet égard.

NOMS DES INSTRUMENTS.	NOMS des CONSTRUCTEURS.	DOMICILE des CONSTRUCTEURS.	PRIX des instruments.	
			Fr.	C.
Charrue de défoncement de Read	Société de Haine-St.-Pierre.	Haine-St.-Pierre.	100	»
Houe à cheval à couteaux	D'Omalius	Anthisne (Liége).	57	»
Houe multiple	Société de Haine-St.-Pierre.	Haine-St.-Pierre.	120	»
Houe à cheval à socs	D'Omalius.	Anthisne.	72	»
	Id.	Id.	68	»
Buttoir.	Société de Haine-St.-Pierre.	Haine-St.-Pierre.	60	»
Semoir-brouette écossais	Id.	Id.	75	»
Semoir-Claes.	Id.	Id.	290	»
Plantoir-mécanique	Demanet.	Ixelles, rue du Trône.	55	»
Rayonneur monté pour sillonner le sol	Id.	Id.	60	»
Rayonneur monté en sarcloir et en binoir	Id.	Id.	80	»
Rayonneur monté pour sillonner le sol, sarcler, biner et butter les plantes	Id.	Id.	104	»
Chaque caisse d'emballage	Id.	Id	2	»
Charrue à arracher les betteraves, carottes, etc.	Société de Haine-St.-Pierre.	Haine-St.-Pierre.	»	»
	Delstanche.	Marbais.	45	»
Lave-racines.	Société de Haine-St.-Pierre.	Haine-St.-Pierre.	170	»
Coupe-racines de Gard'ner.	Id.	Id.	140	»
Coupe-racines à disque.	Id.	Id.	115	»

TABLE DES FIGURES.

—

FIN DE LA TABLE DES FIGURES.

TABLE DES MATIÈRES.

FIN DE LA TABLE DES MATIÈRES.